现代数学基础丛书·典藏版 14

辛几何引论

J.柯歇尔 邹异明 著

科学出版社
北京

内 容 简 介

辛几何是近十几年发展起来的新的重要数学分支。本书是辛几何(辛流形)的入门性读物。全书共分六章，分别是：代数基础，辛流形，余切丛，辛 G-空间，Poisson 流形，一个分级情形。前三章是重要的基本概念，后三章论述有关的应用。

本书可供大学高年级学生、研究生以及几何、群论、分析、特别是微分方程方面的研究工作者参考。

图书在版编目(CIP)数据

辛几何引论/(法)J.柯歇尔，邹异明著.—北京：科学出版社，1986.3 (2016.6 重印)

(现代数学基础丛书·典藏版；14)

ISBN 978-7-03-006167-6

I.①辛… II.①J… ②邹… III.①辛流形 IV.①O189.3

中国版本图书馆 CIP 数据核字(2016) 第 113031 号

责任编辑：张 扬／责任校对：林青梅
责任印制：徐晓晨／封面设计：王 浩

科学出版社 出版
北京东黄城根北街 16 号
邮政编码：100717
http://www.sciencep.com
北京厚诚则铭印刷科技有限公司印刷
科学出版社发行 各地新华书店经销
*
1986 年 3 月第 一 版 开本：B5(720×1000)
2016 年 6 月印 刷 印张：9 3/4 插页:2
字数：120 000

定价：68.00 元

(如有印装质量问题，我社负责调换)

序

1983 年春，我应邀在南开大学讲学，本书就是在这次讲学的内容的基础上，由邹异明翻译整理，稍加修改写成的．我们希望通过这样一本入门性质的书向读者介绍辛流形的理论．

分析力学的发展为辛结构提供了基本概念．辛结构这一术语在相当大的程度上来源于分析力学．但在本书中，并未深入探讨辛结构理论在力学方面的应用，而且对于这个理论的一些重要的方面，特别是在分析学上的应用，本书亦未论及．关于这些问题，请读者参阅文献 [1]，[2]，[7] 和 [26]．本书着重讨论具有辛结构的流形的微分性质．

本书的第一章讨论向量空间的辛结构．第二章讨论辛流形，向读者介绍了基本概念和基本结果，在这一章中，我们尽可能早地证明辛坐标的存在性 (Darboux 定理)，这样做的目的是使读者能够在随后的论述中看出我们所给出的公式的重要性．辛流形上的可微函数和辛结构的无穷小自同构的联系，是辛流形理论的基础，关于这方面的内容，将在 §9 和 §10 中加以讨论．这一章以有关辛流形的子流形，特别是 Lagrange 子流形的一些结果作为结尾．

在余切丛上存在标准辛结构这一事实，阐明了大量的与辛结构有关的问题．第三章介绍关于余切丛和余切丛上的辛向量场的结果．

第四章讨论辛 G 空间，即讨论具有在某一 Lie 群 G 的作用下不变的辛结构的辛流形．对于这样的辛流形，一种我们称之为矩射的映射向我们提供了一个有效的研究方法．关于辛 G 空间的讨论，是辛流形理论的一个内容十分丰富的方面，其中还有许多值得进一步研究的问题．由于对辛 G 空间的研究，导致了人们去研究 Lie 代数的对偶结构和所谓的余伴随表示的几何性质．我们将在

§17 中介绍这些内容，关于这些内容的讨论一直延续到第五章. 在第五章中，首先介绍关于所谓的 Poisson 流形的一些一般的性质. Poisson 结构的概念是辛结构这一概念的推广，它使人们以新的观点来考虑经典的内容；Poisson 结构是从逆变反对称张量概念出发的. 在 §20 中，我们将给出关于 Lie 代数的对偶空间里的 Poisson 结构的精确的结果.

第六章，即最后一章，是比较特殊的. 这一章的目的是介绍在第二、三章中所讨论的有关概念在超流形上的推广. 我们只讨论 $(0, n)$ 维的超流形，也就是说，只考虑微分性质，不考虑几何意义. 在这章里，我们着重叙述基本性质，有关的证明大多都省略了. 这是因为所涉及的内容都是比较基础的，并且，我们认为略去的这些证明都可以作为读者的习题.

最后，我们对严志达教授表示衷心的感谢，他对本书的翻译整理给予了热情的帮助.

J. 柯歇尔 (Koszul)

1984 年 12 月

目　　录

第一章 代数基础

§1. 反对称形式

我们用V来表示特征$\neq 2$的域k上的有限维向量空间，用$A^p(V)$来表示V上取值于k中的反对称p-线性形(或称p-形式)所构成的向量空间，特别地，$A^0(V)=k$，$A^1(V)$就是V的对偶空间V^*.

设$\alpha\in A^p(V)$，$\beta\in A^q(V)$,则p-形式α和q-形式β的外积$\alpha\wedge\beta$是一个$p+q$-形式,它在$(x_1,\cdots,x_{p+q})\in\underbrace{V\times\cdots\times V}_{p+q}$处的值由下式决定

$$(\alpha\wedge\beta)(x_1,\cdots,x_{p+q})$$
$$=\sum_{\tau\in\mathfrak{S}(p,q)}\mathrm{sg}(\tau)\alpha(x_{\tau(1)},\cdots,x_{\tau(p)})\beta(x_{\tau(p+1)},\cdots,x_{\tau(p+q)}),$$

其中$\mathfrak{S}(p,q)$表示集合$\{1,2,\cdots,p+q\}$的所有满足下面的条件的置换τ的全体:

(i) $\tau(1)<\tau(2)<\cdots<\tau(p)$

且

(ii) $\tau(p+1)<\tau(p+2)<\cdots<\tau(p+q)$.

用这种方式定义的外积满足结合律,从而在

$$A(V)=\bigoplus_p A^p(V)$$

上定义了一个分级代数结构. 根据外积的定义，若$\alpha\in A^p(V)$，$\beta\in A^q(V)$，则我们有

$$\alpha\wedge\beta=(-1)^{pq}\beta\wedge\alpha.$$

因为这一性质,所以我们称分级代数$A(V)$为Z_2-可换的(或Z_2-交换).

设$f_1,\cdots,f_n$为V的一组基，并且设λ为任意一个从集合$\{1,2,\cdots,p\}$到集合$\{1,2,\cdots,n\}$内的映射,我们记

$$f^{\lambda}=f_{\lambda(1)}\wedge\cdots\wedge f_{\lambda(p)},$$
则当 λ 遍取所有的从 $\{1, 2, \cdots, p\}$ 到 $\{1, 2, \cdots, n\}$ 内的满足条件

$$\lambda(1)<\lambda(2)<\cdots<\lambda(p)$$
的映射时，所得到的 f^{λ} 的全体就构成空间 $A^{p}(V)$ 的一组基. 设 $n=\dim V$, 则对任一整数 $p\geqslant 0$, 我们有 $\dim A^{p}(V)=\binom{n}{p}$.

对任一 $x\in V$, 我们定义分级空间 $A(V)$ 的一个 -1 级的自同态 $i(x)$ 如下:

$$(i(x)\alpha)(x_1,\cdots,x_{p-1})=\alpha(x,x_1,\cdots,x_{p-1}),$$
对所有的 $\alpha\in A^{p}(V)$ 和所有的 $x_1,\cdots,x_{p-1}\in V$ 都成立. 设 $\alpha\in A^{p}(V)$, 则 $i(x)\alpha$ 是一 $(p-1)$-形式,我们称 $i(x)\alpha$ 为 α 通过 x 的内积. 根据 $i(x)$ 的定义可知,映射

$$x\longmapsto i(x)$$
是从 V 到 $A(V)$ 的自同态空间 $\mathrm{End}(A(V))$ 内的一个线性映射. 对任意的 $x,y\in V$, 我们有

$$i(x)\circ i(y)+i(y)\circ i(x)=0. \tag{1.1}$$
若 $\alpha\in A^{p}(V)$, $\beta\in A(V)$, 则我们有

$$i(x)(\alpha\wedge\beta)=(i(x)\alpha)\wedge\beta+(-1)^{p}\alpha\wedge(i(x)\beta). \tag{1.2}$$
由于这个性质,所以我们称 $i(x)$ 为分级代数 $A(V)$ 的 Z_2- 导子.

1.3. **定义.** 设 α 是向量空间 V 上的一个反对称 p- 形式我们称由 V 中所有满足 $i(x)\alpha=0$ 的元素 x 所构成的子空间为 α 的核，记为 $\mathrm{Ker}\alpha$. α 的核的余维数称为 α 的秩 ($=\dim V-\dim\mathrm{Ker}\alpha$).

设 V, W 为域 k 上的两个向量空间, f 为从 V 到 W 的一个线性映射,我们利用下面的等式

$$(A(f)\beta)(x_1,\cdots,x_p)=\beta(f(x_1),\cdots,f(x_p)),$$
其中 $\beta\in A^{p}(W)$ 和 $x_1,\cdots,x_p\in V$ 均为任意,来定义一个从分级代数 $A(W)$ 到分级代数 $A(V)$ 内的同态 $A(f)$. 由 $A(f)$ 的定义知,若 f 是内射（或满射),则 $A(f)$ 也是内射（或满射).

设 $\alpha\in A^p(V)$, N 为 V 的一个向量子空间且 $N\subset\mathrm{Ker}\alpha$. 记从 V 到 V/N 上的标准映射为 q, 则不难看出,存在唯一的一个 p-形式 $\beta\in A^p(V/N)$ 使 $\alpha=A(q)\beta$. 我们有

$$\mathrm{Ker}\beta=q(\mathrm{Ker}\alpha).$$

由一个反对称 2- 形式定义的正交性. 设 ω 是向量空间 V 上的一个反对称 2- 形式. V 的两个元素 x,y 称为是互相正交的(对于 ω), 如果有 $\omega(x,y)=0$. 设 E 是 V 的一个子空间, 我们以 $E^\perp$ 来表示由 V 中所有满足 $\omega(x,y)=0$, $\forall y\in E$, 的 x 所构成的 V 的子空间, 并把它称为 E 的正交补. 我们不加证明地引用下列结论,读者可试证之:

(i) 对 V 的任一子空间 E 都有

$$E^\perp\supset\mathrm{Ker}\omega,$$

$$(E^\perp)^\perp=E+\mathrm{Ker}\omega,$$

$$((E^\perp)^\perp)^\perp=E^\perp.$$

(ii) 若 E, F 为 V 的两个子空间,则有

$$(E+F)^\perp=E^\perp\cap F^\perp.$$

(iii) 若 $E\subset F$, 则 $E^\perp\supset F^\perp$.

(iv) 若 $\mathrm{Ker}\omega\subset E\cap F$, 则有

$$(E+F)^\perp=E^\perp+F^\perp.$$

1.4. **引理.** 设 $\omega\in A^2(V)$ 并设 E 为 V 的一个子空间, 则我们有

$$\dim E^\perp=\dim V-\dim E+\dim(E\cap\mathrm{Ker}\omega).$$

证. 根据 $i(x)$ 的定义知,映射

$$x\longmapsto i(x)\omega,\ x\in V,$$

是从 V 到 V^* 的线性映射, 它的核为 $\mathrm{Ker}\omega$. 在这个映射下, E 的象的维数是

$$\dim E-\dim(E\cap\mathrm{Ker}\omega).$$

但根据对偶性, E 的象是 $E^\perp$ 的正交补, 所以它的维数等于 $E^\perp$ 的余维数,所以结论成立. 证完.

1.5. **定义.** 设 ω 是向量空间 V 上的一个反对称 2- 形式. 又

设 E 是 V 的一个子空间，则

若 $E \subset E^{\perp}$，E 称为 (V, ω) 的迷向子空间；

若 $E \supset E^{\perp}$，E 称为 (V, ω) 的余迷向子空间；

若 $E = E^{\perp}$，E 称为 (V, ω) 的 Lagrange 子空间；

若 $E \cap E^{\perp} = (0)$，E 称为 (V, ω) 的辛子空间.

由定义可知，所有维数 $\leqslant 1$ 的子空间都是迷向的，所有余维数 $\leqslant 1$ 且含 $\mathrm{Ker}\omega$ 的子空间都是余迷向的，而根据包含关系来确定的极小迷向子空间和极小余迷向子空间都是 Lagrange子空间.

1.6. **命题.** 设 $\omega \in A^2(V)$ 并设 L 为 (V, ω) 的一个 Lagrange 子空间，则

$$\text{秩 } \omega = 2(\dim L - \dim \mathrm{Ker}\omega).$$

证. 事实上，因为 L 是一 Lagrange 子空间，所以

$$L \cap \mathrm{Ker}\omega = L^{\perp} \cap \mathrm{Ker}\omega = \mathrm{Ker}\omega.$$

从而利用引理 1.2 得

$$\dim L = \dim V - \dim L + \dim \mathrm{Ker}\omega.$$

证完.

推论. V 上任一反对称 2- 形式的秩都是偶数，空间 (V, ω) 的所有 Lagrange 子空间具有相同的维数.

1.7. **命题.** 设 $\omega \in A^2(V)$ 并设 W 是 (V, ω) 的一个余迷向子空间，则对 (V, ω) 的任一 Lagrange 子空间 L，$L \cap W = W^{\perp}$ 都是 $(W, \omega | W)$ 的一个 Lagrange 子空间.

证. 因为 L 和 W 都是余迷向的，所以

$$\mathrm{Ker}\omega \subset L \cap W.$$

从而

$$(L \cap W)^{\perp} = L^{\perp} + W^{\perp} = L + W^{\perp}.$$

又由于 W 是余迷向的，所以

$$(L \cap W)^{\perp} \cap W = (L + W^{\perp}) \cap W = L \cap W + W^{\perp}.$$

这说明 $L \cap W + W^{\perp}$ 在 $(W, \omega | W^2)$ 中的正交补就是它本身. 证完.

1.8. **命题.** 设 $\omega\in A^2(V)$ 并设N为V的一个含于 $\mathrm{Ker}\,\omega$ 中的子空间. 设

$$q: V\to V/N$$

为标准映射，$\omega'\in A^2(V/N)$ 满足关系式

$$A(q)\omega'=\omega,$$

则映射

$$L\longmapsto q(L)$$

是从(V,ω)的 Lagrange 子空间所构成的集合到$(V/N,\omega')$的 Lagrange 子空间所构成的集合上的一个双射 (bijection).

证. 因为对任意的 $x,y\in V$ 有

$$\omega'(q(x),q(y))=\omega(x,y),$$

所以对任一子空间 $E\subset V$, $q(E^\perp)$是$q(E)$关于ω'的正交补. 因此,若L是(V,ω)的一个 Lagrange 子空间，则$q(L)$是$(V/N,\omega')$的一个 Lagrange 子空间. 由于 $N\subset\mathrm{Ker}\,\omega$, 所以$(V,\omega)$的任一 Lagrange 子空间均含$N$, 于是有

$$L=q^{-1}(q(L)).$$

这说明映射

$$L\longmapsto q(L)$$

是一内射. 现证它也是满射. 设L'是$(V/N,\omega')$的一个 Lagrange 子空间,令

$$L=q^{-1}(L'),$$

则有

$$q(L^\perp)=q(L)^\perp=L',$$

从而

$$L^\perp+N=L+N.$$

又因为

$$N\subset\mathrm{Ker}\,\omega\subset L^\perp \text{ 且 } N=\mathrm{Ker}\,q\subset L,$$

所以有 $L^\perp=L$. 于是证明了L是(V,ω)的一个 Lagrange 子空间且有 $q(L)=L'$. 证完.

1.9. **命题.** 设 $\omega\in A^2(V)$ 并设L为(V,ω)的一个 Lagrange 子空间. 令J为(V,ω)的所有满足 $E\cap L=(0)$ 的迷向子空间

E 所构成的集合. 若 F 是由包含关系来确定的 J 的一个极大元，则 V 是 L 和 F 的直和.

证. 事实上，若 $x \in F^{\perp}$，则子空间 $F + kx$ 是迷向子空间，从而

$$F + kx \subset F \quad \text{或者} \quad (F + kx) \cap L \neq (0).$$

无论怎样都有 $F^{\perp} \subset F + L$. 于是有

$$F^{\perp} \cap L = F^{\perp} \cap L^{\perp} = (F + L)^{\perp} \subset (F^{\perp})^{\perp} = F + \mathrm{Ker}\omega.$$

因而

$$F^{\perp} \cap L \subset (F + \mathrm{Ker}\omega) \cap L = \mathrm{Ker}\omega$$

且

$$V = (F^{\perp} \cap L)^{\perp} = F + \mathrm{Ker}\omega + L^{\perp} = F + L.$$

证完.

我们称由命题 1.9 给出的 F 为 Lagrange 子空间 L 的迷向补子空间.

推论 1. 设 L 为 (V, ω) 的一个 Lagrange 子空间，设 $f_1, \cdots, f_r$ 为 V 的对偶空间 V^* 里的一组线性无关的 1-形式使得

$$L = \bigcap_{1 \leqslant i \leqslant r} \mathrm{Ker} f_i,$$

则在 V^* 中存在 r 个线性无关的 1-形式 $f_{r+1}, \cdots, f_{2r}$ 使 $f_1, \cdots, f_r, f_{r+1}, \cdots, f_{2r}$ 线性无关且

$$\omega = \sum_{i=1}^{r} f_i \wedge f_{r+i}.$$

证. 事实上，设 F 是 L 在 V 中的迷向补子空间，$e_1, \cdots, e_r$ 为 F 的一组满足 $f_i(e_j) = \delta_{ij}$ 的基. 令

$$f_{r+i} = i(e_i)\omega, \quad i = 1, \cdots, r,$$

则因为 F 是迷向的，所以有

$$i(e_j) f_{r+i} = \omega(e_i, e_j) = 0, \quad i, j = 1, \cdots, r.$$

因此，

$$i(e_j)\left(\omega - \sum_{i=1}^{r} f_i \wedge f_{r+i}\right) = f_{r+j} - f_{r+j} = 0$$

对所有 $1 \leqslant j \leqslant r$ 成立. 由此推知形式

$$\omega - \sum_{i=1}^{r} f_i \wedge f_{r+i}$$

的核包含 F. 另外，由推论的假设知上面的形式限制在 L 上为 0. 又由 F 的定义有

$$V = F + L.$$

于是便有

$$\omega = \sum_{i=1}^{r} f_i \wedge f_{r+i}.$$

为证 $f_1, \cdots, f_{2r}$ 的无关性，注意到 ω 的核包含

$$\bigcap_{r < i \leq 2r} \mathrm{Ker} f_i,$$

但是它的核的维数是

$$2\dim L - \dim V = \dim V - 2r,$$

于是 $f_1, \cdots, f_{2r}$ 是线性无关的. 证完.

推论 2. 设 L 是 (V, ω) 的一个 Lagrange 子空间，则存在 (V, ω) 的 Lagrange 子空间 $\tilde{L}$ 使得

$$L \cap \tilde{L} = \mathrm{Ker}\omega,$$

因而也就有

$$V = L + \tilde{L}.$$

证. 沿用推论 1 的符号，令

$$\tilde{L} = \bigcap_{1 \leq i \leq r} \mathrm{Ker} f_{r+i}$$

便可. 证完.

推论 3. 若域 k 的特征为 0，ω 的秩为 $2r$，则 ω 的 r 阶外积幂 $\omega^r \neq 0$ 而 $r+1$ 阶外积幂 $\omega^{r+1} = 0$.

证. 沿用推论 1 的符号，设

$$\omega = \sum_{i=1}^{r} f_i \wedge f_{r+i},$$

则有

$$\begin{aligned}\omega^r &= r!\, f_1 \wedge f_{r+1} \wedge f_2 \wedge f_{r+2} \cdots f_r \wedge f_{2r} \\ &= (-1)^{\frac{r(r-1)}{2}} r!\, f_1 \wedge f_2 \cdots f_{2r}.\end{aligned}$$

由此推得结论成立. 证完.

§2. 辛向量空间,辛基底

设V是特征$\neq 2$的域k上的向量空间.

2.1. **定义.** 设ω是V上的一个反对称2-形式. 若 $\mathrm{Ker}\omega=(0)$,则我们称ω为V上的一个辛形式, 这时,我们把(V, ω)称为辛空间.

若(V, ω)是一辛空间, 则$\dim V=$秩ω, 从而V是偶维数空间. 此时(V, ω)的 Lagrange 子空间的维数为$\frac{1}{2}\dim V$.

例 1. 设W是域k上维数为r的一个向量空间, W^*为W的对偶空间. 对任意的$x_1, x_2\in W$和任意的$f_1, f_2\in W^*$, 令

$$\omega((f_1, x_1), (f_2, x_2))=f_1(x_2)-f_2(x_1),$$

则ω是$W^*\times W$上的一个辛形式. 不难看出, $W^*\times 0$和$0\times W$都是$(W^*\times W, \omega)$的 Lagrange 子空间.

例 2. 设$f_1, \cdots, f_{2r}$是向量空间k^{2r}的自然坐标,则

$$\underline{\omega}=\sum_{i=1}^{r} f_i\wedge f_{r+i}$$

是k^{2r}上的一个辛形式, 我们称它为k^{2r}上的标准辛形式, 而称辛空间$(k^{2r}, \underline{\omega})$为$2r$维的标准辛$k$-空间.

根据命题1.7的推论2, 辛空间(V, ω)的任一 Lagrange 子空间L在V中都有一 Lagrange 补子空间,即有(V, ω)的 Lagrange 子空间$\tilde{L}$使得

$$L\cap\tilde{L}=(0)\quad 且\quad V=L\dotplus\tilde{L}.$$

2.2. **命题.** 设(V, ω)是一$2n$维的辛空间, L_1和L_2是(V, ω)中互补的两个 Lagrange 子空间. 设$e_1, \cdots, e_n$是L_1的一组基,则存在L_2的一组唯一的基$e_{n+1}, \cdots, e_{2n}$使得

$$\omega(e_i, e_{n+j})=\delta_{ij}, 1\leqslant i, j\leqslant n.$$

证. 事实上,映射

$$x\longmapsto(i(x)\omega)|L_1$$

是从 L_2 到 L_1 的对偶空间 L_1^* 上的一个同构. 令 $f_1,\cdots,f_n$ 为 L_1^* 中与 $e_1,\cdots,e_n$ 相对偶的一组基. 对任一 $1\leqslant i\leqslant n$, 取 $e_{n+i}\in L_2$ 使

$$(i(e_{n+i})\omega)|L_1=-f_i,$$

则 $e_{n+1},\cdots,e_{2n}$ 为 L_2 的一组基且

$$\omega(e_i,e_{n+j})=f_j(e_i)=\delta_{ij},\ 1\leqslant i,j\leqslant n.$$

证完.

2.3. **定义.** 设 (V,ω) 是一 $2n$ 维的辛空间. 若 V 的一组基 $e_1,\cdots,e_{2n}$ 满足

$$\omega(e_i,e_{n+j})=\delta_{ij}\quad 且\quad \omega(e_i,e_j)=\omega(e_{n+i},e_{n+j})=0,$$
$$i,j=1,2,\cdots,n,$$

则我们称它为 (V,ω) 的一组辛基.

由命题 1.9 的推论 2 和命题 2.2 可知任一辛空间 (V,ω) 都有辛基.

若 (V,ω) 是一辛空间,则在一组辛基下, ω 所对应的矩阵具有形式

$$J_{2n}=\begin{pmatrix}0 & I_n\\ -I_n & 0\end{pmatrix},$$

其中 I_n 为 n 阶单位方阵.

若 (V,ω) 是一辛空间,则 V 的一组基 $e_1,\cdots,e_{2n}$ 是一组辛基的充要条件为: 对于 V^* 中相对于 $e_1,\cdots,e_{2n}$ 的对偶基 $f_1,\cdots,f_{2n}$,

$$\omega=\sum_{i=1}^{n}f_i\wedge f_{n+i}.$$

习题. 设 L_1 和 L_2 是辛空间 (V,ω) 的两个 Lagrange 子空间. 试证明在 V 中存在同时为 L_1 和 L_2 的 Lagrange 补的子空间.

§3. $sl(2,k)$ 在辛向量空间上的反对称形式代数中的标准线性表示

在这一节中, k 表示特征为 0 的域, $sl(2,k)$ 表示 k 上由基

元素

$$\begin{pmatrix} 0 & 1 \\ 0 & 0 \end{pmatrix}, \qquad \begin{pmatrix} 0 & 0 \\ -1 & 0 \end{pmatrix}, \qquad \begin{pmatrix} 1 & 0 \\ 0 & -1 \end{pmatrix}$$

所生成的三维 Lie 代数(见本节末的注).

设 (V, ω) 是 k 上一 $2n$ 维的辛空间. 对 $\alpha \in A^r(V)$, 记空间 $A(V)$ 的自同态

$$\beta \longmapsto \alpha \wedge \beta, \quad \beta \in A(V),$$

为 $\mu(\alpha)$, 则 $\mu(\alpha)$ 是 $A(V)$ 的一个 r 级的自同态, 即它把每一子空间 $A^p(V)$ 映入子空间 $A^{p+r}(V)$ 中. 特别地,

$$X = \mu(\omega)$$

是一 2 级自同态.设 $e_1, \cdots, e_{2n}$ 是 (V, ω) 的一组辛基,则自同态

$$Y = \sum_{j=1}^{n} i(e_j) i(e_{n+j})$$

是一 -2 级的自同态.

3.1. 引理. 对每一 $x \in V$ 都有

$$i(x) = Y \circ \mu(f) - \mu(f) \circ Y,$$

其中 $f = i(x)\omega$.

证. 根据定义,对任一 e_j, $1 \leqslant j \leqslant 2n$, $i(e_j)$ 都是一个 -1 级的 Z_2- 导子,即对任意的 $\alpha \in A^p(V)$ 和 $\beta \in A^q(V)$ 都有

$$i(e_j)(\alpha \wedge \beta) = (i(e_j)\alpha) \wedge \beta + (-1)^p \alpha \wedge (i(e_j)\beta).$$

所以对任一 $\beta \in A(V)$ 我们有

$$\begin{aligned}(i(e_j) \circ \mu(f))(\beta) &= i(e_j)((i(x)\omega) \wedge \beta) \\ &= (i(e_j) i(x)\omega) \wedge \beta + (-1)(i(x)\omega) \wedge (i(e_j)\beta), \\ (\mu(f) \circ i(e_j))(\beta) &= f \wedge (i(e_j)\beta) \\ &= (i(x)\omega) \wedge (i(e_j)\beta).\end{aligned}$$

又

$$\mu(f(e_j))(\beta) = f(e_j) \wedge \beta = \omega(x, e_j)\beta.$$

于是推出

$$i(e_j) \circ \mu(f) + \mu(f) \circ i(e_j) = \mu(f(e_j)), 1 \leqslant j \leqslant 2n.$$

现设

$$x = \sum_{i=1}^{2n} x_i e_i,$$

则有

$$\mu(f(e_i)) = -x_{n+i},\ \mu(f(e_{n+i})) = x_i,\ 1 \leqslant i \leqslant n.$$

于是有

$$\begin{aligned} Y \circ \mu(f) &= \sum_{j=1}^{n} i(e_j) i(e_{n+j}) \mu(f) \\ &= \sum_{j=1}^{n} x_j i(e_j) - \sum_{j=1}^{n} i(e_j) \mu(f) i(e_{n+j}), \\ \mu(f) \circ Y &= \sum_{j=1}^{n} \mu(f) i(e_j) i(e_{n+j}) \\ &= -\sum_{j=1}^{n} x_{n+j} i(e_{n+j}) - \sum_{j=1}^{n} i(e_j) \mu(f) i(e_{n+j}). \end{aligned}$$

两式相减得

$$Y \circ \mu(f) - \mu(f) \circ Y = \sum_{j=1}^{2n} x_j i(e_j) = i(x).$$

证完.

现在我们证明上面所定义的 $A(V)$ 的自同态 Y 不依赖于辛基底 $e_1, \cdots, e_{2n}$ 的选择.

事实上,设 $e_1', \cdots, e_{2n}'$ 是 (V, ω) 的另一组辛基,并设

$$Y' = \sum_{j=1}^{n} i(e_j') i(e_{n+j}'),$$

则由引理 3.1 得

$$(Y' - Y) \circ \mu(f) = \mu(f) \circ (Y' - Y),$$

对任意的 1-形式 $f = i(x)\omega$ 成立. 因而对任意的 $f \in V^*$ 成立. 于是对任意的 $f \in V^*$, $Y' - Y$ 的核是 $\mu(f)$ 的不变子空间. 又因为代数 $A(V)$ 是由 $V^* = A^1(V)$ 所生成的,所以 $Y' - Y$ 的核是 $A(V)$ 的一个理想. 但 $Y' - Y$ 的核显然含 $A(V)$ 的单位元. 于是 $Y' = Y$.

若设 $f_1, \cdots, f_{2n}$ 是 V^* 的一组相对于 $e_1, \cdots, e_{2n}$ 的对偶基,则有

$$i(e_j)\omega = f_{n+j},\ i(e_{n+j})\omega = -f_j,\ 1 \leqslant j \leqslant n.$$

从而利用(1.1)和(1.2)两式有

$$\begin{aligned}[X,Y] &= Y\circ X - X\circ Y \\ &= \sum_{j=1}^{n}(-i(e_{n+j})\circ\mu(f_{n+j}) + \mu(f_j)\circ i(e_j)) \\ &= \sum_{j=1}^{2n}\mu(f_j)\circ i(e_j) - n\cdot id.\end{aligned}$$

其中 id 表示单位映射. 因为 $A(V)$ 的自同态

$$\sum_{j=1}^{2n}\mu(f_j)\circ i(e_j)$$

是 $A(V)$ 的零级导子,容易知道它在 $A(V)$ 上为恒等变换,从而它限制在 $A^p(V)$ 上等于 $p\cdot id$. 若令

$$H = [Y, X],$$

则对任意的 $\alpha \in A^p(V)$ 有

$$H(\alpha) = (p-n)\alpha.$$

3.2 **命题.** 定义从 $sl(2, k)$ 到 $A(V)$ 的自同态空间内的线性映射 ρ 使

$$\rho\begin{pmatrix}0 & 1\\ 0 & 0\end{pmatrix} = X,\ \rho\begin{pmatrix}0 & 0\\ -1 & 0\end{pmatrix} = Y,\ \rho\begin{pmatrix}1 & 0\\ 0 & -1\end{pmatrix} = H,$$

则 ρ 是 Lie 代数 $sl(2, k)$ 在空间 $A(V)$ 上的一个线性表示.

证. 事实上,根据定义, $[Y, X] = H$. 又 H 是 $A(V)$ 的零级导子,而 X 和 Y 则分别是 $A(V)$ 的 2 级和 -2 级的导子,直接计算便得到

$$[H, X] = 2X,\quad [H, Y] = -2Y,$$

因此 ρ 是 $sl(2, k)$ 的一个表示. 证完.

H 在 $A(V)$ 里的特征向量显然是 $A(V)$ 的齐次元素. 特别地, 我们把含于 $\mathrm{Ker}X\backslash(0)$ 中的 H 的特征向量称为表示 ρ 的素元素(参看文献[13]). 根据 Lie 代数的表示理论,若 $\varphi \in A(V)$ 而且 φ 是一素元素, $H(\varphi) = r\varphi$, 那么 r 是一 $\geqslant 0$ 的整数,而下列元素:

$$\varphi, Y(\varphi), \cdots, Y^r(\varphi)$$

构成 $A(V)$ 的一个 $sl(2, k)$ 单子模的基. 因为由

$$H(\varphi) = r\varphi$$

知道 $\varphi \in A^{n+r}(V)$, 所以所有素元素的级数 $\geqslant n$. 由于 $\mathrm{Ker}X$ 是由素元素所生成的 $A(V)$ 的子空间, 所以 $\mathrm{Ker}X$ 包含在 $A^n(V) + A^{n+1}(V) + \cdots + A^{2n}(V)$ 中.

例. 1) 设 ω^n 是 ω 的 n 次外积幂, 则 $\omega^n \neq 0$, $\omega^n \in A^{2n}(V)$ 且 ω^n 是一素元素, 在表示 ρ 下, 它生成一个 $n+1$ 维 $sl(2, k)$ 子模

$$k + k\omega + \cdots + k\omega^n.$$

2) 因为 X 是 -2 级导子, 所以 $A^{2n-1}(V)$ 的任一非零元素都是素元素. 每一个这样的素元素都生成一个 n 维子模.

3.3. **命题.** 对于 $r = 0, 1, \cdots, n$, 我们有

i) X^r 把 $A^{n-r}(V)$ 同构地映到 $A^{n+r}(V)$ 上;

ii) Y^r 把 $A^{n+r}(V)$ 同构地映到 $A^{n+r}(V)$ 上.

证. 这是 Lie 代数表示理论的直接结果 (参看文献 [31]), 也可参看文献[27].

习题. 试证明子空间

$$\mathrm{Ker}X \cap A^{n+r}(V)$$

的维数是

$$\binom{2n}{n+r} - \binom{2n}{n+r+2}.$$

注. 在本书中, 我们假定读者具有 Lie 代数, Lie 群及表示理论的基础知识, 读者可参看文献 [13] 和 [31].

§4. 辛　　群

设 (V_1, ω_1) 和 (V_2, ω_2) 是域 k 上的两个辛空间. 设 φ 是从 V_1 到 V_2 上的一个向量空间的同构, 若 φ 满足 $\omega_1 = A(\varphi)\omega_2$, 则称它为从 (V_1, ω_1) 到 (V_2, ω_2) 上的一个同构.

(V_1, ω_1) 和 (V_2, ω_2) 之间存在同构的充要条件是 $\dim V_1 =$

$\dim V_2$. 事实上,若 V_1 和 V_2 都是 $2n$ 维的, 设 $e_1, \cdots, e_{2n}$ (或 e_1', $\cdots, e_{2n}'$) 为 V_1 (或 V_2) 的一组辛基,则由

$$\varphi(e_i) = e_i', \quad i = 1, \cdots, 2n,$$

所定义的映射 φ: $V_1 \to V_2$ 就是从 (V_1, ω_1) 到 (V_2, ω_2) 上的一个同构. 而必要性是显然的.

设 (V, ω) 是一辛空间, 所谓 (V, ω) 的一个自同构, 指的是从 (V, ω) 到其自身上的一个同构,所以 (V, ω) 的一个自同构是 V 的线性变换群 $Gl(V)$ 的一个元素, 若把它记为 s, 则它满足下式:

$$\omega(sx, sy) = \omega(x, y), \quad \forall x, y \in V.$$

易知 (V, ω) 的自同构全体构成群 $Gl(V)$ 的一个子群, 我们把它记为 $Sp(V, \omega)$. 特别, 标准辛空间 $(k^{2n}, \underline{\omega})$ 的自同构群记为 $Sp(2n, k)$. 若 $k = R$, 则把 $Sp(2n, k)$ 简记为 $Sp(2n)$ 并称它为 $2n$ 维**辛群**.

设 $e_1, \cdots, e_{2n}$ 是 (V, ω) 的一组辛基. 设矩阵 $S \in Gl(2n, k)$, 则 S 为 (V, ω) 的某一自同构在基 $e_1, \cdots, e_{2n}$ 下的矩阵的充要条件是

$$^tSJ_{2n}S = J_{2n},$$

其中 ^tS 是 S 的转置矩阵, J_{2n} 是 ω 在基 $e_1, \cdots, e_{2n}$ 下的矩阵, 即

$$J_{2n} = \begin{pmatrix} 0 & I_n \\ -I_n & 0 \end{pmatrix}.$$

设 $S \in Gl(2n, k)$ 并设

$$S = \begin{pmatrix} A & B \\ C & D \end{pmatrix},$$

其中 A, B, C, D 都是 $n \times n$ 矩阵, 则 $S \in Sp(2n, k)$ 的充分必要条件是

$$^tCA - {}^tAC = 0, \quad {}^tCB - {}^tAD = I_n,$$

(4.1)

$$^tDA - {}^tBC = -I_n, \quad {}^tDB - {}^tBD = 0.$$

因为 $\det J_{2n} = 1$, 所以若 $S \in Sp(2n, k)$, 则由等式

$${}^tSJ_{2n}S = J_{2n}$$

可得 $(\det S)^2 = 1$. 更确切些,我们有

4.2. **命题.** 设 (V, ω) 是一辛空间,则对任一 $s \in Sp(V, \omega)$,我们有 $\det(s) = 1$.

证. 事实上,若设 $\dim V = 2n$, 则因为

$$A(s)\omega = \omega,$$

所以我们有

$$A(s)\omega^n = \omega^n.$$

因为 $\omega^n \in A^{2n}(V)$, 所以

$$A(s)\omega^n = \det(s)\omega^n.$$

若 V 是特征等于 0 的域 k 上的向量空间, 则我们有 $\omega^n \neq 0$ (命题 1.9 的推论 3), 从而 $\det(s) = 1$. 而对一般情形, 则可用"除幂 $\omega^{[n]}$"(la puissance diviée $\omega^{[n]}$) 代替 ω^n 加以讨论, 注意到 $\omega^{[n]}$ 仍然是 $A^{2n}(V)$ 的一个基便可. 证完.

设 T 是一不定元. 我们以 $k[T]$ 来表示 k 上的以 T 为不定元的一元多项式环.

4.3 **命题.** 设 (V, ω) 是一个 $2n$ 维的辛空间, $s \in Sp(V, \omega)$. 若 $P \in k[T]$ 是 s 的特征多项式,则我们有

$$T^{2n}P\left(\frac{1}{T}\right) = P(T).$$

证. 事实上, 简记 $J_{2n} = J$, $I_{2n} = I$, 则 $J^2 = -I$. 若 S 是 s 在 V 的某一组辛基下的矩阵, 则因为 ${}^tSJS = J$, 从而有 ${}^tS = -JS^{-1}J$. 于是有

$$\begin{aligned} P(T) &= \det(S - TI) = \det({}^tS - TI) \\ &= \det(-JS^{-1}J - TI) = \det(S^{-1} - TI). \end{aligned}$$

又因为 $\det(S) = 1$, 所以有

$$\begin{aligned} P(T) &= \det(S)\det(S^{-1} - TI) \\ &= \det(I - TS) = T^{2n}P\left(\frac{1}{T}\right). \end{aligned}$$

证完.

设 L 是辛空间 (V, ω) 的一个 Lagrange 子空间, 则对任意的

$s \in Sp(V, \omega)$，$s(L)$ 显然是 (V, ω) 的一个 Lagrange 子空间．可见 $Sp(V, \omega)$ 作用于 (V, ω) 的所有的 Lagrange 子空间所成的集合上．

4.4. **命题．** 群 $Sp(V, \omega)$ 可递地作用于由所有的 $(L, \hat{L})$ 所构成的集合上，这里 L 和 $\hat{L}$ 是 (V, ω) 中任意的两个互为 Lagrange 补的 Lagrange子空间．

证．事实上，根据命题 2.2，对于任意一个 Lagrange 互补对 $(L, \hat{L})$，存在 (V, ω) 的一组辛基 $e_1, \cdots, e_{2n}$ 使得 $e_1, \cdots, e_n$ 为 L 的一组基而 $e_{n+1}, \cdots, e_{2n}$ 为 $\hat{L}$ 的一组基．又因为 $Sp(V, \omega)$ 在 (V, ω) 的所有辛基所构成的集合上的作用是可递的，所以命题得证．证完．

设 L 是辛空间 (V, ω) 的任意一个 Lagrange 子空间，我们用 $S(L)$ 来表示 L 在 $Sp(V, \omega)$ 中的稳定子．

4.5. **命题．** 设 L 和 $\hat{L}(V, \omega)$ 中任意的两个互为 Lagrange 补的 Lagrange 子空间，则从 $S(L)$ 到 $Gl(L)$ 内的映射

$$s \longmapsto s|L$$

诱导出从 $S(L) \cap S(\hat{L})$ 到 $Gl(L)$ 上的一个同构．

证．事实上，取 (V, ω) 的一组辛基使得 $e_1, \cdots, e_n$ 是 L 的基而 $e_{n+1}, \cdots, e_{2n}$ 是 $\hat{L}$ 的基，利用关系式 (4.1)，可知 $S(L) \cap S(\hat{L})$ 是 $Gl(V)$ 中这样一些元素的集合，它们在基 $e_1, \cdots, e_{2n}$ 下的矩阵有形状

$$\begin{pmatrix} A & 0 \\ 0 & {}^tA^{-1} \end{pmatrix},$$

其中 $A \in Gl(n, k)$ 是 s 在 L 上的限制 $s|L$ 所对应的矩阵，于是知命题成立．证完．

推论． 设 $S(L)_0$ 是从 $S(L)$ 到 $Gl(L)$ 上的同态映射

$$s \longmapsto s|L$$

的核，则群 $S(L)$ 是正规子群 $S(L)_0$ 和子群 $S(L) \cap S(\hat{L})$ 的半直积．又群 $S(L)_0$ 单可递地作用于(V, ω) 的所有的 L 的 Lagrange 补子空间所构成的集合上．

下面我们来确定 $S(L)_0$ 的结构. 记 q 为从 V 到 V/L 上的标准映射，记 $B(V/L)$ 为 V/L 上的对称双线性型所构成的空间. 因为 ω 的秩等于 V 的维数，所以对任一 $b\in B(V/L)$，存在 V 的唯一的一个自同态 $\tilde{b}$ 使得

(4.2) $\omega(\tilde{b}(x), y) = b(q(x), q(y))$

对任意的 $x, y\in V$ 都成立.

4.6. **命题.** 映射

$$b \longmapsto id_V + \tilde{b}$$

是从加法群 $B(V/L)$ 到 $Sp(V, \omega)$ 的子群 $S(L)_0$ 上的一个同构.

证. 对任意的 $b\in B(V/L)$，我们有 $\tilde{b}(L)=(0)$，这里 $\tilde{b}$ 由 (4.2) 式所定义. 又因为 $\tilde{b}(V)\subset L^{\perp}=L$，从而 $\tilde{b}^2=0$. 于是映射 $b\longmapsto id_V+\tilde{b}$ 是从加法群 $B(V/L)$ 到群 $Gl(V)$ 内的同态. 这个同态是一内射. 这是因为 $q: V\longrightarrow V/L$ 是满射，若 $\tilde{b}=0$，则有 $b=0$. 对任意的 $b\in B(V/L)$ 和任意的 $x, y\in V$，因为 $\omega(\tilde{b}(x), \tilde{b}(y))=0$，所以

$$\begin{aligned} &\omega(x+\tilde{b}(x), y+\tilde{b}(y)) \\ &= \omega(x, y) + \omega(\tilde{b}(x), y) + \omega(x, \tilde{b}(y)) \\ &= \omega(x, y) + b(q(x), q(y)) - b(q(y), q(x)) \\ &= \omega(x, y). \end{aligned}$$

于是 $id_V+\tilde{b}\in Sp(V, \omega)$. 因为 $\tilde{b}(L)=(0)$，所以

$$id_V + \tilde{b}\in S(L)_0, \quad \forall b\in B(V/L).$$

现若 $s\in Sp(L)_0$，我们在 V 上定义一双线性型如下:

$$(x, y)\longmapsto \omega(s(x)-x, y) = \omega(x, s^{-1}(y)-y), \forall x, y\in V.$$

若 x, y 中至少有一个属于 L，则显然有 $(x, y)=0$. 所以对任意的 $y\in V$，我们有

$$S(y) - y = s^{-1}(s(y)-y) = y - s^{-1}(y).$$

于是知双线性型 $(x, y)\longmapsto \omega(s(x)-x, y)$ 是对称的. 因为它的核含 L，所以存在 $b\in B(V/L)$ 使

$$\omega(s(x)-x, y) = b(q(x), q(y)), \forall x, y\in V.$$

于是我们有 $s=id_V+\tilde{b}$，于是同态 $b\longmapsto id_V+\tilde{b}$ 的象是

$S(L)_0$。证完。

由命题 4.5 和命题 4.6，我们得到一个标准正合列

$$(0)\longrightarrow B(V/L)\longrightarrow S(L)\longrightarrow Gl(L)\longrightarrow(1).$$

从上面我们还知道群 $S(L)$ 同构于具有下列形状的矩阵所构成的线性群：

$$\begin{pmatrix} A & B \\ 0 & {}^tA^{-1} \end{pmatrix},$$

其中 $A\in Gl(n,k)$，而 B 则是 $n\times n$ 阶对称矩阵．该矩阵线性群是一 $n^2+\frac{n(n+1)}{2}$ 维的线性群．

设(V,ω)是一辛空间，则(V,ω)的所有 Lagrange 子空间所构成的集合是 V 的 n 维平面 Grassman 流形的一个子流形(设 $\dim V=2n$)，我们把它记为 $\mathscr{L}(V,\omega)$．设 L 是 (V,ω) 的一个 Lagrange 子空间，则由 L 的所有 Lagrange 补空间构成的集合是 $\mathscr{L}(V,\omega)$ 的一个开的 Zariski．由命题 4.5 的推论和命题 4.6，可知这个开集有一仿射空间结构，它的仿射变换群同构于 $B(V/L)$，而因为 $B(V/L)$ 的维数是 $\frac{n(n+1)}{2}$，所以 $\mathscr{L}(V,\omega)$ 是一 $\frac{n(n+1)}{2}$ 维的流形．而群 $Sp(V,\omega)$ 则是一维数为 $\dim\mathscr{L}(V,\omega)+\dim S(L)=n(n+1)+n^2=2n^2+n$ 的线性代数群．

设 (V,ω) 为一辛空间，我们用 $sp(V,\omega)$ 来表示 V 的自同态空间 $gl(V)$ 中所有满足

$$\omega(\alpha(x),y)+\omega(x,\alpha(y))=0,\quad \forall x,y\in V,$$

的 α 所构成的子空间．

4.7．**命题**．映射：

$$\alpha\longmapsto(id_V-\alpha)(id_V+\alpha)^{-1}$$

是从 $sp(V,\omega)$ 中所有使 $id_V+\alpha$ 可逆的元素 α 所构成的集合到 $Sp(V,\omega)$ 中所有使 id_V+s 为可逆的 s 所构成的集合上的一个双射．

证．令 $id_V=I$，则对任一 $\alpha\in sp(V,\omega)$，等式

$$\omega((I+\alpha)(x),\ (I+\alpha)(y)) = \omega((I-\alpha)(x),(I-\alpha)(y))$$

对任意的 $x, y \in V$ 成立. 于是,若 $I+\alpha$ 可逆,则等式

$$\omega((I-\alpha)(I+\alpha)^{-1}(x),\ (I-\alpha)(I+\alpha)^{-1}(y)) = \omega(x, y)$$

对任意的 $x, y \in V$ 成立. 从而知

$$s=(I-\alpha)(I+\alpha)^{-1} \in Sp(V, \omega).$$

又因为

$$I+s=(I+\alpha)(I+\alpha)^{-1}+(I-\alpha)(I+\alpha)^{-1}=2(I+\alpha)^{-1},$$

所以 $I+s$ 可逆.

反之,若 $s \in Sp(V, \omega)$ 使 $I+s$ 可逆,令

$$\alpha=(I+s)^{-1}(I-s),$$

则对任意的 $x, y \in V$, 有

$$\begin{aligned}&\omega(\alpha(x), y)+\omega(x, \alpha(y))\\ =&-2\omega(x, y)+2\omega((I+s)^{-1}(x), y)+2\omega(x,(I+s)^{-1}(y)).\end{aligned}$$

令

$$x_1=(I+s)^{-1}x, \quad y_1=(I+s)^{-1}y,$$

由上式得

$$\begin{aligned}&\omega(\alpha(x), y)+\omega(x, \alpha(y))\\ =&-2\omega((I+s)(x_1),\ (I+s)(y_1))+2\omega(x_1, (I+s)(y_1))\\ &+2\omega((I+s)(x_1),\ y_1)\\ =&\,0.\end{aligned}$$

所以 $\alpha=(I+s)^{-1}(I-s) \in sp(V, \omega)$. 又因

$$\begin{aligned}I+\alpha&=(I+s)^{-1}(I+s)+(I+s)^{-1}(I-s)\\ &=2(I+s)^{-1},\end{aligned}$$

所以 $I+\alpha$ 可逆而且 $s=(I-\alpha)(I+\alpha)^{-1}$. 于是映射

$$s \longmapsto (I+s)^{-1}(I-s)$$

是映射

$$\alpha \longmapsto (I-\alpha)(I+\alpha)^{-1}$$

的逆. 证完.

命题 4.7 中的双射: $\alpha \longmapsto (I-\alpha)(I+\alpha)^{-1}$ 称为 Cayley 参数化(参看文献 [30]).

注. 若 $\alpha, \beta \in sp(V, \omega)$, 则

$$[\alpha, \beta] = \alpha\beta - \beta\alpha \in sp(V, \omega).$$

若利用上式在 $sp(V, \omega)$ 上定义一括号运算, 则 $sp(V, \omega)$ 便成为 $Sp(V, \omega)$ 的 Lie 代数. 若 $k = R$ 或者 $k = C$, 则指数映射

$$\alpha \longmapsto \exp\alpha$$

把 $sp(V, \omega)$ 映入 $Sp(V, \omega)$ 中(参看文献[12]).

§5. 辛复结构

在本节中, 假定 (V, ω) 是 R 上的 $2n$ 维辛空间. 因为 V 是一偶数维的向量空间, 所以在 V 上存在复结构, 即存在 V 的一个自同态 j 满足 $j^2 = -id_V$. 设 j 是 V 的一个复结构, 如果 $j \in Sp(V, \omega)$, 则我们称 j 为一辛复结构. 于是, 若 j 是一辛复结构, 则对任意 $x, y \in V$ 有

$$\omega(j(x), j(y)) = \omega(x, y).$$

并且有

$$\omega(x, j(y)) = \omega(j(x), -y) = \omega(y, j(x)).$$

于是

$$(x, y) = \omega(x, j(y)), \forall x, y \in V,$$

是 V 上的一个对称双线性型. 显然, 该双线性型是非退化的. 对 $\lambda + i\mu \in C$ 和 $x \in V$, 利用等式

$$(\lambda + i\mu)x = \lambda x + \mu j(x)$$

把 V 定义成为 C 上的向量空间, 则复值实线性型

$$h(x, y) = \omega(x, j(y)) - i\omega(x, y), \quad x, y \in V,$$

是 V 上的伪 Hermite 型. 事实上, 对任意的 $x, y \in V$, 我们有下面的等式:

$$\begin{aligned} h(x, y) &= \overline{h(y, x)}, \\ h(ix, y) &= h(j(x), y) \\ &= \omega(j(x), j(y)) - i\omega(j(x), y) \\ &= \omega(x, y) + i\omega(x, j(y)) = ih(x, y). \end{aligned}$$

5.1. **定义.** 辛空间 (V, ω) 上的一个复结构 j 称为适应的(adaptée),若它是辛的并且由它所定义的对称双线性型 $(x, y) \mapsto \omega(x, j(y))$ 是正定的.

根据定义,一个复结构 j 是一适应复结构相当于

$$(x, y) \longmapsto h(x, y) = \omega(x, j(y)) - i\omega(x, y)$$

是一 Hermite 型.

5.2. **命题.** 设 $e_1, \cdots, e_{2n}$ 是辛空间 (V, ω) 的一组辛基,j 是 V 上的复结构使对任意的 $1 \leqslant i \leqslant n$ 有 $j(e_i) = e_{n+i}$,则 j 是一适应复结构. 反之,若 j 是 (V, ω) 上的一个适应复结构,则存在 (V, ω) 的一组辛基 $e_1, \cdots, e_{2n}$ 使 $j(e_i) = e_{n+i}$, $1 \leqslant i \leqslant n$.

证. 事实上,若 $j(e_i) = e_{n+i}$, $1 \leqslant i \leqslant n$, 则我们有 $j(e_{n+i}) = -e_i$, 从而 j 在辛基 $e_1, \cdots, e_{2n}$ 下的矩阵是

$$-J_{2n} = \begin{pmatrix} 0 & -I_n \\ I_n & 0 \end{pmatrix}.$$

于是由 §4 知 j 是辛的. 又因为在基 $e_1, \cdots, e_{2n}$ 下,对称双线性型 $\omega(x, j(y))$ 的矩阵是 $-(J_{2n})^2 = I_{2n}$, 因此是正定的,即 j 是适应复结构. 反之,设 j 是 (V, ω) 上的一个适应复结构. 设 L 为 (V, ω) 的一个 Lagrange 子空间, $e_1, \cdots, e_n$ 是 L 的这样一组基,它们对于双线性型 $(x, y) \longmapsto \omega(x, j(y))$ 是正交基,令 $e_{n+i} = j(e_i)$, $i = 1, \cdots, n$, 则 $e_1, \cdots, e_{2n}$ 是 (V, ω) 的一组辛基. 证完.

5.3. **命题.** 设 j 是 (V, ω) 上的一个适应复结构,则我们有

(i) 对 (V, ω) 的任意一个 Lagrange 子空间 L, $j(L)$ 是 L 的一个 Lagrange 补子空间;

(ii) V 的任一复子空间(即在 j 的作用下不变的子空间)都是辛子空间.

证. 因为 $j \in Sp(V, \omega)$, 所以 $j(L)$ 是 Lagrange 子空间, 若 $x, y \in L$, 则我们有

$$\omega(x, j(j(y))) = -\omega(x, y) = 0,$$

从而 $j(L)$ 对于双线性型 $(x, y) \longmapsto \omega(x, j(y))$ 与 L 正交. 因

为该双线性型是正定的，所以我们有 $L\cap j(L)=(0)$，因此 $j(L)$ 是 L 的 Lagrange 补，(i) 得证. 现若 E 是 V 的一个复子空间，$x\in E\cap E^{\perp}$，则由于 $j(x)\in E$，所以 $\omega(x, j(x))=0$，于是有 $x=0$. 因此 $E\cap E^{\perp}=(0)$. 这说明 E 是一辛子空间. 证完.

5.4. **引理.** 设 j 为辛空间 (V,ω) 的一个辛复结构，$s\in Gl(V)$，则下列条件等价:

(i) $s\circ j=j\circ s$ 而且对任意的 $x, y\in V$ 有 $\omega(s(x), s(y))=\omega(x, y)$,

(ii) $s\circ j=j\circ s$ 而且对任意的 $x, y\in V$ 有 $\omega(x, j(y))=\omega(s(x), j(s(y)))$,

(iii) $\omega(s(x), s(y))=\omega(x, y)$ 而且对任意的 $x, y\in V$ 有 $\omega(s(x), j(s(y)))=\omega(x, j(y))$.

证. 从 (i) 推 (ii) 和从 (ii) 推 (iii) 都是显然的. 若 (iii) 成立，则

$$\omega(s(x), s(j(y))-j(s(y)))=0$$

对任意的 $x, y\in V$ 成立. 因此 $s\circ j=j\circ s$. 因此可由 (iii) 推出 (i). 证完.

引理 5.4 中的条件 (i) 等于说 $s\in Gl_C(V)\cap Sp(V,\omega)$，条件 (ii) 等于说 $s\in Gl_C(V)\cap O(V, b)$，这里 $O(V, b)$ 代表 V 的对于对称双线性型 $b(x, y)=\omega(x, j(y))$ 的正交变换群，而 (iii) 则等于说 s 保持 Hermite 型 $h=b-i\omega$ 不变.

如果 (V,ω) 就是标准辛空间 (R^{2n},ω)，而 j 则是由矩阵 $-J_{2n}$ 所定义的复结构，则 b 是 Euclid 线性型

$$b(e_i, e_j)=\delta_{ij},\ i, j=1,\cdots, 2n,$$

而 h 则是标准的 Hermite 型

$$h(e_i, e_j)=\delta_{ij},\quad i, j=1,\cdots, n.$$

于是我们有下面的命题

5.5. **命题.**

$$Sp(2n)\cap Gl(n, C)=O(2n)\cap Gl(n, C)=U(n),$$

其中 $O(2n)$ 表示正交群，$U(n)$ 表示酉群.

5.6. 推论. 酉群 $U(n)$ 是 $Sp(2n)$ 的一个极大紧子群.

证. 设 G 是 $Sp(2n)$ 的一个紧子群且设 $G \supset U(n)$. 设 b 为 R^{2n} 上的 Euclid 线性型. 由于 G 紧，所以在 R^{2n} 上存在一个在 G 的作用下不变的正定对称双线性型 $\tilde{b}$ (参看文献 [5]). 不难知道，可以选取 $\lambda \in R$ 使 $b - \lambda\tilde{b}$ 的秩 $< 2n$. 因为 $U(n) \subset O(2n)$，所以 $b - \lambda\tilde{b}$ 的核是 $U(n)$ 的非零不变子空间. 又因为 $U(n)$ 在酉向量集上可递，所以 $\mathrm{Ker}(b - \lambda\tilde{b}) = R^{2n}$，也即 $b = \lambda\tilde{b}$ 并且 $G \subset Sp(2n) \cap O(2n) = U(n)$. 所以 $G = U(n)$. 证完.

习题. 设 $S = \begin{pmatrix} A & B \\ C & D \end{pmatrix}$ 是 $Sp(2n)$ 的一个元素，其中 A, B, C, D 都是 $n \times n$ 矩阵. 令 P 为所有的这样的 $n \times n$ 复系数矩阵 Z 的集合，Z 对称并且 $\frac{1}{2i}(Z - \bar{Z})$ 是正定的. 证明若 $Z \in P$，则 $CZ + D$ 可逆. 证明映射

$$(S, Z) \longmapsto (AZ + B)(CZ + D)^{-1}, \quad S \in Sp(2n).$$

定义了群 $Sp(2n)$ 在 P 上的一个作用，即对任意的 $S \in Sp(2n)$ 和 $Z \in P$ 有

$$(AZ + B)(CZ + D)^{-1} \in P.$$

证明该作用是可递的并求出 $iI_n \in P$ 的稳定子 (参看文献 [22]).

第二章　辛　流　形

在本章及以后各章里，“可微”指的是“C^∞ 可微”，“流形”指的是 C^∞ 可微实流形，而“微分形式”及“向量场”则分别指外微分形式和 C^∞ 向量场．

设 M 是一个流形，我们以 $\Omega^p(M)$ 来表示 M 上的微分 p-形式所构成的空间，而以 $\Omega(M)$ 来表示分级代数

$$\bigoplus_{p\geqslant 0} \Omega^p(M).$$

对于 M 上的一个向量场 X，我们可以在 $\Omega(M)$ 上定义两个很重要的算子：通过 X 的内积，记为 $i(X)$，以及 Lie 导子 $\theta(X)$．$i(X)$ 的定义见第一章，而 $\theta(X)$ 则可用下式来定义：

$$\theta(X) = d\circ i(X) + i(X)\circ d,$$

其中 d 是 $\Omega(M)$ 的外微分算子．对 $i(X)$ 和 $\theta(X)$，我们有下列关系式（参看文献 [12]）：

$$\theta([X, Y]) = \theta(X)\circ\theta(Y) - \theta(Y)\circ\theta(X),$$
$$i([X,Y]) = \theta(X)\circ i(Y) - i(Y)\circ\theta(X),$$
$$i(X)\circ i(Y) + i(Y)\circ i(X) = 0.$$

其中 X 和 Y 都是 M 上的向量场．　从定义可知 Lie 导子 $\theta(X)$ 是分级代数 $\Omega(M)$ 的 0 级导子，内积 $i(X)$ 是 -1 级的 Z_2- 导子．

设 N 是流形 M 的一个子流形，$\alpha\in\Omega^p(M)$．我们记 $\alpha|_N$ 为 α 在 $\Omega^p(N)$ 中的拉回（pull back）．

§6.　流形上的辛结构

6.1. **定义**.设微分形式 $\omega\in\Omega^2(M)$，若 ω 满足下面的两个条件：

(1) 对任一 $x\in M$，ω_x 都是点 x 处的切向量空间 T_xM 的一

个辛结构，

(2) $d\omega = 0$,

则称它为流形M上的一个辛结构，并且称(M, ω)为辛流形。

设(M_1, ω_1)和(M_2, ω_2)是两个辛流形，

$$\varphi: M_1 \to M_2$$

是一可微映射。若φ满足条件

(6.2) $\omega_1 = \varphi^*(\omega_2)$,

则我们称φ为从(M_1, ω_1)到(M_2, ω_2)内的一个辛流形同态。而从(M_1, ω_1)到(M_2, ω_2)上的一个辛流形同构，则是满足条件(6.2)的一个从M_1到M_2上的微分同胚。

若

$$\varphi: (M_1, \omega_1) \to (M_2, \omega_2)$$

是一辛流形同态，则对任一$x \in M_1$，φ在x点的微分是辛向量空间之间的一个同态

$$\varphi_x^T: (T_x M_1, (\omega_1)_x) \to (T_{\varphi(x)} M_2, (\omega_2)_{\varphi(x)}).$$

因此，所有的辛流形同态都是浸入映射。

基本性质. 设(M, ω)是一辛流形，则我们有：

(a) M的维数是偶数。

(b) M是可定向的。若设$\dim M = 2n$，则n阶外积幂ω^n就是M上的一个体积元素。

(c) 若$v \in T_x M$，则$i(v)\omega_x \in T_x^*(M)$。由映射

$$v \longmapsto i(v)\omega_x, \quad v \in T_x(M),$$

可定义从切丛TM到余切丛T^*M上的一个标准同构。同样，把M上的向量场X映为1-形式$i(X)\omega$的映射是从向量场模到1-形式模上的标准同构。

(d) M上所有的一阶标架所构成的纤维丛含有一个由结构群$Sp(2n)$所决定的子丛，这个子丛由辛标架构成，所谓辛标架，指的是满足$A(\xi)\omega_x = \underline{\omega}$的标架$\xi: R^{2n} \to T_x M$，其中$\underline{\omega}$是$R^{2n}$上的标准辛形式（参看§2）。

(e) 若M是紧流形，则对$i = 0, 1, \cdots, n$，上同调空间

(de Rham) $H^{2i}(M, R)$ 均非零. 事实上,形式 ω^i 所对应的上同调类 $[\omega^i] = [\omega]^i \in H^{2i}(M, R)$. 由于 ω^n 是体积元素, 所以 $[\omega^n] \neq 0$, 故知 $[\omega^i] \neq 0$. 从而也就可以知道维数 $\neq 2$ 的球没有辛结构. 我们可以在同胚于 **2** 维球的投影空间 CP^1 上定义一辛结构.

注. 设 (M, ω) 是一 $2n$ 维的辛流形,则对任意的 $\lambda \in R^+$, $\lambda\omega$ 都是M上的辛结构. 若M紧而且 $|\lambda| \neq 1$, 则辛流形 (M, ω) 和 $(M, \lambda\omega)$ 是不同构的,这是因为

$$\left|\int_M \omega^n\right| \neq \left|\int_M (\lambda M)^n\right|.$$

例 1. 设 $x_1, \cdots, x_{2n}$ 是 R^{2n} 上的自然坐标,则 2-形式

$$\omega = \sum_{i=1}^{n} dx_i \wedge dx_{n+i}$$

是流形 R^{2n} 上的一个辛结构,我们称它为 R^{2n} 上的标准辛结构.

例 2. 设G是由 R^{2n} 上这样一些仿射变换 f 所构成的群,这些 f 的线性部分属于 $Sp(2n)$, 则G含平移变换, 是辛流形 (R^{2n}, ω) 的可递自同构群. 若 Γ 是G的一个离散子群, 而且它在 R^{2n} 上的作用是自由作用,则 $R^{2n}\backslash\Gamma$ 是一流形,而且在 $R^{2n}\backslash\Gamma$ 上存在唯一的辛结构使得标准映射

$$R^{2n} \to R^{2n}\backslash\Gamma$$

是一辛流形同态. 若取 Γ 为整平移群 Z^{2n}, 则可以在环面 $R^{2n}\backslash Z^{2n}$ 上定义一辛结构使该辛结构对于 R^{2n} 在 $R^{2n}\backslash Z^{2n}$ 上的自然作用是不变的.

例 3. 设 (M, ω) 是一辛流形,

$$\pi: \widetilde{M} \to M$$

是M的一个覆盖,则 $(\widetilde{M}, \pi^*(\omega))$ 是辛流形而且 π 是辛流形同态.

例 4. 设 (M_1, ω_1) 和 (M_2, ω_2) 是两个辛流形. 设

$$pr_i: M_1 \times M_2 \to M_i, \ i = 1, 2,$$

是标准投影,则 $pr_1^*(\omega_1) + pr_2^*(\omega_2)$ 是 $M_1 \times M_2$ 上的一个辛结构. 我们称辛流形

$$(M_1 \times M_2, pr_1^*(\omega_1) + pr_2(\omega_2))$$
为辛流形 (M_1, ω_1) 和 (M_2, ω_2) 的积，并把它记为
$$(M_1, \omega_1) \times (M_2, \omega_2).$$

Kähler 结构. 设M是一$2n$维流形，J是M上的一个复结构，则作为M上的张量，J是$(1,1)$型的. 所以我们可把它看作M上的向量场模的一个自同态. J满足下列条件：

(1) $J^2 = -id$,

(2) $J[X,Y] = [JX,Y] + [X,JY] + J[JX,JY]$,

其中 X, Y 是M上的任意的两个向量场.

设g是M上的微分对称2-形式并且
$$g(JX, JY) = g(X, Y)$$
对M上任意的向量场 X, Y 成立. 令
$$\omega(X, Y) = g(JX, Y),$$
则 $\omega \in \Omega^2(M)$.

若g在M的任意一点处的秩都是$2n$，即g是伪 Riemann 形式，则对任意的 $x \in M$，ω_x 都是向量空间 T_xM 上的辛形式而且 J_x 是 (T_xM, ω_x) 上的辛复结构. 形式 $h = g - i\omega$ 是M上的一个伪 Hermite 形式. 若还有 $d\omega = 0$，则ω是M上的一个辛结构，并且我们称h为伪 Kähler 形式. 最后，若 $d\omega = 0$ 并且g在M的任意一点处的切空间都是正定的，则h称为M上的一个 Kähler 形式. 若h是一 Kähler 形式，则对任一 $x \in M$，J_x 都是 (T_xM, ω_x) 上的一个适应复结构.

若h是复流形M上的一个 Kähler 形式，则对M的任意一个复子流形N，h在N上的拉回都是N上的一个 Kähler 形式. 特别，M的所有复子流形都具有诱导的辛结构.

例 5. 设 CP^n 是由 C^{n+1} 中所有的复直线所构成的复投影空间. 任意一点 $D \in CP^n$ 处的切向量空间可以等同于复线性映射空间
$$\mathscr{L}_C(D, C^{n+1}/D).$$
若η为 C^{n+1} 上的标准 Hermite 形式，即

$$\eta = \sum_{i=1}^{n+1} z_i \bar{z}_i,$$

其中 $z_1, \cdots, z_{n+1}$ 是 C^{n+1} 上的自然坐标. 令 $D^\perp$ 为 D 在 C^{n+1} 中对于 η 的正交超平面,则可以把 D 点的切空间等同于复向量空间 $\mathscr{L}_C(D, D^\perp)$. 于是对任意的 $D \in CP^n$, 我们可以在 $T_D CP^n$ 上定义一 Hermite 形式如下:

$$\eta_D(\varphi, \psi) = \frac{\eta(\varphi(u), \psi(u))}{\eta(u, u)},$$

其中 $\varphi, \psi \in \mathscr{L}_C(D, D^\perp)$, $u \in D \backslash (0)$. 设 p 是从 $U = C^{n+1} \backslash (0)$ 到 CP^n 上的标准映射

$$u \longmapsto Cu.$$

利用下式把切丛 TU 等同于 $U \times C^{n+1}$:

$$(u, v) = \frac{d}{dt}(u + tv)|_{t=0}, \quad u \in U, v \in C^{n+1}.$$

于是,对任意的 $(u, v) \in T_u U$, 我们可定义

$$\mathscr{L}_C(C_u, (C_u)^\perp)$$

中的一个向量 $p^T(u, v)$, 使得

$$(p^T(u, v))(u) = v - \frac{\eta(v, u)}{\eta(u, u)} u.$$

这样,对 $(u, v), (u, w) \in T_u U$ 我们有

$$\eta Cu(p^T(u, v), (u, w)) = \frac{\eta(u, u)\eta(v, w) - \eta(v, u)\eta(w, u)}{\eta(u, u)^2},$$

这是 U 上由下式

$$\tilde{\eta} = \frac{\left(\sum_j z_j \bar{z}_j\right)\left(\sum_j dz_j d\bar{z}_j\right) - \left(\sum_j \bar{z}_j dz_j\right)\left(\sum_j z_j d\bar{z}_j\right)}{\left(\sum_j z_j \bar{z}_j\right)^2}$$

所定义的 Hermite 型 $\tilde{\eta}$ 在向量对 $(u, v), (u, w)$ 上的值. 于是,对任一 $D \in CP^n$, η_D 都是 CP^n 上满足 $p^*(h) = \tilde{\eta}$ 的 Hermite 形式 η 在 D 点的值. 记 η 的虚部为 ω, 则 $p^*(\omega)$ 是 $\tilde{\eta}$ 的虚部. 令 $z_j = x_j + iy_j$, 则 $p^*(\omega)$ 就等于

$$-\frac{1}{r}\sum_i dx_i\wedge dy_i+\frac{1}{2}\frac{dr}{r^2}\wedge\sum_i(x_idy_i-y_idx_i),$$

其中 $r=\sum_i z_i\bar{z}_i$. 直接计算知 $p^*(\omega)$ 是一闭的2-形式. 从而有

$$p^*(d\omega)=d(p^*(\omega))=0.$$

又因为 p 是子浸入,所以 $d\omega=0$. 这就证明了 η 是一 Kähler 形式而 ω 是 CP^n 上的一个辛结构.

酉群 $U(n+1)$ 在 CP^n 上的作用可递并且保持 Kähler 形式 h 不变. 设 $D\in CP^n$ 并设 $r_D\in U(n+1)$ 是由下面的条件所决定的反射:

$$r_D(x)=\begin{cases}-x, & x\in D,\\ x, & x\in D^\perp,\end{cases}$$

则 r_D 在 CP^n 上的作用保持点 D 不动而对任意的 $\varphi\in T_DCP^n$, $(r_D)^T\varphi=-\varphi$. 可见它是以 D 为中心点的一个"对称". 于是对 CP^n 上任一微分 p-形式 α 有

$$(r_D^*(\alpha))_D=(-1)^p\alpha_D.$$

若 p 是一奇数且 α 在 $U(n+1)$ 下不变,则

$$\alpha_D=(r_D^*(\alpha))_D=-\alpha_D$$

对所有 $D\in CP^n$ 都成立. 于是 $\alpha=0$. 这推出 CP^n 上的 $U(n+1)$不变微分形式或者是偶数阶的或者是0,并且全都是闭的.因为 η 是 $U(n+1)$ 不变微分形式,所以这也从另一方面证明了 η 的虚部是闭形式. 用同样的方法可以证明,所有齐性对称空间的不变微分形式都是闭的(参看文献[12]).

注. 存在不具有 Kähler 结构的紧辛流形,Thurston 给出了一个4维的例子,构造的方法与例2类似(参看文献[29]).

§7. 辛流形上的微分形式代数的算子

设(M,ω)是一$2n$维的辛流形. 由辛流形的定义,对任意的

$x \in M$，(T_xM, ω_x) 都是一辛空间. 设 $\Omega_x(M)$ 是向量空间 T_xM 上的反对称形式代数. 如 §3 中所述，Lie 代数 $sl(2, R)$ 在每一 $\Omega_x(M)$ 中有一标准线性表示. 这一线性表示可由 $sl(2, R)$ 在 $\Omega(M)$ 上的一个标准线性表示通过限制在 $\Omega_x(M)$ 上得到. 下面我们就来定义 $sl(2, R)$ 在 $\Omega(M)$ 上的一个标准线性表示.

首先，对任意的 $\beta \in \Omega(M)$，定义 $\Omega(M)$ 的自同态 X 为

$$X(\beta) = \omega \wedge \beta.$$

其次，定义 $\Omega(M)$ 的自同态 H 为

$$H(\beta) = (p - n)\beta, \forall \beta \in \Omega^p(M).$$

设 $x \in M$，$e_1, \cdots, e_{2n}$ 是 (T_xM, ω_x) 的一组辛基. 我们定义 $\Omega(M)$ 的自同态 Y 使

$$(Y(\beta))_x = \sum_{j=1}^{n} i(e_j)i(e_{n+j})\beta_x, \quad \forall \beta \in \Omega(M).$$

在局部上，Y 可表达为

$$Y = \frac{1}{2}\sum_{j=1}^{2n} i(E_j)i(E'_j),$$

其中 $E_1, \cdots, E_{2n}$ 和 $E'_1, \cdots, E'_{2n}$ 是满足 $\omega(E_i, E'_j) = \delta_{ij}$ 的两组向量场.

把 $\Omega(M)$ 看作 $\Omega^0(M) = C^\infty(M)$ 上的模. 容易看出，算子 X, H, Y 是模 $\Omega(M)$ 的自同态. 注意到这已经在 §3 中讨论过，所以我们有

$$\begin{aligned} &[H, X] = H \circ X - X \circ H = 2X, \\ (7.1) \quad &[H, Y] = H \circ Y - Y \circ H = -2Y, \\ &[X, Y] = X \circ Y - Y \circ X = -H. \end{aligned}$$

所以算子 X, H, Y 在 $\Omega(M)$ 上定义了 Lie 代数 $sl(2, R)$ 的一个标准线性表示. 这一表示在流形的研究，尤其在 Kähler 流形的研究中起很重要的作用（参看文献 [27]）.

现设 ω 是一正合形式，即在 M 上存在 1-形式 α 使 $d\alpha = -\omega$. 我们把由 α 定义的 $\Omega(M)$ 的自同态

$$\beta \longmapsto \alpha \wedge \beta, \quad \forall \beta \in \Omega(M),$$

称为由 α 定义的左外积，并记为 $\mu(\alpha)$. 利用 α，我们在 $\Omega(M)$ 上定义两个新的算子 P 和 Q 如下：

$$P = d - \mu(\alpha),$$

(7.2)

$$Q = [Y, P].$$

算子 P 和 Q 都是一阶微分算子. 例如，对任意的 $f \in C^\infty(M)$ 和 $\beta \in \Omega(M)$，我们有

$$P(f\beta) = fP(\beta) + df \wedge \beta.$$

又 P 和 Q 分别是 1 级和 -1 级的导子，即有

(7.3) $P(\Omega^p(M)) \subset \Omega^{p+1}(M)$，$Q(\Omega^p(M)) \subset \Omega^{p-1}(M)$.

7.4. **命题.** 算子 X, Y, H, P 和 Q 满足下列关系式：

(i) $[H,P] = P$，$[H,Q] = -Q$；

(ii) $[X,P] = 0$，$[X,Q] = -P$；

(iii) $[Y,P] = Q$，$[Y,Q] = 0$；

(iv) $P^2 = X$, $Q^2 = Y$，$P\circ Q + Q\circ P = H$.

证. 关系式 (i) 可直接从 (7.3) 导出. 现证 (ii) 因为 $d\omega = 0$，所以有 $[d, X] = 0$，从而由 (7.2) 和 α 的定义有 $[X,P] = 0$. 根据定义，$Q = [Y, P]$，所以我们有

$$[X, Q] = [X, [Y, P]] = [[X, Y], P] + [Y, [X, P]]$$
$$= -[H, P] = -P.$$

(ii) 得证. 又因为 $d\alpha = -\omega$，所以我们有

$$d\circ\mu(\alpha) + \mu(\alpha)\circ d = -X,$$

于是

$$P^2 = (d - \mu(\alpha))^2 = X.$$

因为 $Q = [Y, P]$，所以

$$P\circ Q + Q\circ P = P\circ Y\circ P - P^2\circ Y + Y\circ P^2 - P\circ Y\circ P$$
$$= [Y, X] = H.$$

现在只剩下证明 $[Y, Q] = 0$ 和 $Q^2 = Y$. 设

$$\mathfrak{a} = RX + RY + RH$$

是由 X, Y, H 生成的空间 $\Omega(M)$ 上的自同态 Lie 代数 $gl(\Omega(M))$

的子代数，则 $\mathfrak{a}$ 同构于 $sl(2, R)$. 记 ε 为 $gl(\Omega(M))$中由下列元素张成的向量子空间：

$$P, ad(Y)P, \cdots, ad(Y)^r P, \cdots$$

其中 ad 是 $gl(\Omega(M))$ 的伴随表示(即 $ad(U)V = [U, V]$, $U, V \in gl(\Omega(M))$). 因为对大于 n 的正整数 r 有 $ad(Y)^r = 0$, 所以空间 ε 是有限维的. 又因为对所有 $r \geqslant 0$ 有

$$ad(H)ad(Y)^r P = (2r + 1)ad(Y)^r P,$$

所以 ε 在 $ad(Y)$ 和 $ad(H)$ 的作用下都不变. 又因为

$$ad(X)ad(Y)^r - ad(Y)^r ad(X)$$
$$= r(1 - r)ad(Y)^{r-1} - r\ ad(H)ad(Y)^{r-1},$$

所以 ε 在 $ad(X)$ 下也不变. 因为 $ad(X)P = 0$ 而且 $ad(H)P = P$, 所以 P 对于 $\mathfrak{a}$ 的由伴随表示 ad 限制在 ε 上而得到的线性表示来说，是权为 1 的素元素. 我们知道(参看文献[13]或[31]), 这时一定有 $ad(Y)^2 P = 0$, 从而

$$[Y, Q] = ad(Y)Q = ad(Y)^2 P = 0.$$

把 Q^2 分别写成

$$Q^2 = Q\circ Y\circ P - Q\circ P\circ Y = Y\circ Q\circ P - Q\circ P\circ Y,$$

和

$$Q^2 = Y\circ P\circ Q - P\circ Y\circ Q = Y\circ P\circ Q - P\circ Q\circ Y,$$

就得到 $2Q^2 = [Y, H] = 2Y$. 证完.

利用所谓"Lie 超代数"的概念，命题 7.4 中的关系式可用"Lie 超代数"的语言很好地表达出来. 下面我们就来定义 Lie 超代数，并且给出一些例子.

7.5. **定义**. (参看文献[14].)域 k 上的一个 Lie 超代数是 k 上的一个 Z_2-分级向量空间 $\mathfrak{g} = \mathfrak{g}_0 + \mathfrak{g}_1$, 和一双线性映射(称为括号)

$$[,]: \mathfrak{g} \times \mathfrak{g} \to \mathfrak{g}$$

使得下面的(1)—(3)成立:

(1) $[\mathfrak{g}_p, \mathfrak{g}_q] \subset \mathfrak{g}_{p+q}$, $p, q \in Z_2$,

(2) $[x, y] = (-1)^{pq}[y, x]$, 对 $\forall x \in \mathfrak{g}_p, y \in \mathfrak{g}_q$,

(3) $[x,[y,z]]=[[x,y],z]+(-1)^{pq}[y,[x,z]]$,

对$\forall x\in \mathfrak{g}_p, y\in \mathfrak{g}_q$.

例 1. 设

$$V=\bigoplus_{p\in Z} V_p$$

是一 Z-分级向量空间.记 $gl(V)_r$ 为 $gl(V)$中所有满足 $\alpha(V_p)=V_{p+r}$ 的元素 α 所构成的集合. 在 Z-分级空间

$$gl(V)_*=\bigoplus_{r\in Z} gl(V)_r$$

上定义一括号如下:

$[\alpha,\beta]=\alpha\circ\beta-(-1)^{pq}\beta\circ\alpha$, $\forall\alpha\in gl(V)_p$, $\beta\in gl(V)_q$.

对于这样定义的括号,若将 $gl(V)_*$ 原来在 Z 中的分级按模 2 同余类重新分级,则空间 $gl(V)_*$ 就成为一 Lie 超代数.

例 2. 设

$$A=\bigoplus_{p\in Z} A_p$$

是一 Z-分级结合代数 ($A_pA_q\subset A_{p+q}$), $gl(A)_p$ 的定义同例 1.若 $\alpha\in gl(A)_p$ 且

$\alpha(xy)=\alpha(x)y+(-1)^{pr}x\alpha(y)$, $\forall x\in A_r$, $y\in A$,

则我们称 α 为 A 的一个 Z_2-导子. 记 $\mathrm{Der}(A)_p$ 为 $gl(A)_p$ 中所有的 Z_2-导子构成的子空间,则

$$\mathrm{Der}(A)_*=\bigoplus_{p\in Z}\mathrm{Der}(A)_p$$

是 $gl(A)_*$ 的一个 Lie 子超代数, 即它是在 $gl(A)_*$ 的括号下不变的分级子空间.

例 3. 设 e_{-1}, e_0, e_1 是 R^3 的一组自然基,在 R^3 上定义一 Z-分级如下:

e_p 的级数 $=p$, $p=-1,0,1$.

设 b 是 R^3 上的双线性型,它在基 e_{-1}, e_0, e_1 下对应着矩阵

$$\begin{pmatrix}0&0&1\\0&1&0\\-1&0&0\end{pmatrix},$$

则 b 在 $Re_{-1}+Re_1$ 上的限制是辛形式而在 Re_0 上的限制则是对称正定型（称 b 为正交辛形式）．设 $osp(2,1)$ 是 $gl(3,R)=gl(R^3)_*$ 中这样的一个 Z-分级子空间，它的 p 级元素是 $gl(3,R)_p$ 中满足

$$b(\alpha(x),y)+(-1)^{pr}b(x,\alpha(y))=0,\ \forall x\in Re_r,\ y\in R^3,$$

的元素 α，则 $osp(2,1)$ 是 $gl(3,R)$ 的一个 Lie 子超代数（比较例 1）．它是 5 维的，而且下列元素构成它的一组基：

$$\underline{X}=\begin{pmatrix}0&0&1\\0&0&0\\0&0&0\end{pmatrix},\quad \underline{H}=\begin{pmatrix}1&0&0\\0&0&0\\0&0&-1\end{pmatrix},$$

$$\underline{Y}=\begin{pmatrix}0&0&0\\0&0&0\\-1&0&0\end{pmatrix},\quad \underline{P}=\begin{pmatrix}0&1&0\\0&0&1\\0&0&0\end{pmatrix},$$

$$\underline{Q}=\begin{pmatrix}0&0&0\\1&0&0\\0&-1&0\end{pmatrix}.$$

元素 $\underline{X}$，$\underline{P}$，$\underline{H}$，$\underline{Q}$，$\underline{Y}$ 的 Z-级数分别是 2，1，0，-1，-2．$osp(2,1)$ 中由偶数级元素所张成的子空间是同构于 $sl(2,R)$ 的子代数．

现设 (M,ω) 是一辛流形，并设 X,H,Y,P,Q 是本节开头通过满足等式 $d\alpha=-\omega$ 的 α 而定义出的 $\Omega(M)$ 中的算子．不难证明（读者可作为习题自证之），从 $osp(2,1)$ 到 $gl(\Omega(M))$ 中的映射 ρ：

$$\rho(\underline{X})=X,\ \rho(\underline{H})=H,\ \rho(\underline{Y})=Y,$$
$$\rho(\underline{P})=P,\ \rho(\underline{Q})=Q,$$

是一 Lie 超代数同态．于是，α 的选取确定了 $osp(2,1)$ 在分级空间 $\Omega(M)$ 中的一个线性表示．

Lie 超代数 $osp(2,1)$ 与 $sl(2,R)$ 很相似（参看文献[14]和[21]）．例如，$osp(2,1)$ 是单代数，即它不含除 (0) 和它本身以外的理想子代数．$osp(2,1)$的所有有限维线性表示都是半单的

(即完全可约的). 对任一整数 $n \geqslant 0$, 在同构意义下存在唯一的一个 $2n+1$ 维的单线性表示(不可约线性表示). 对于这个表示, H的权是区间 $[-n, n]$ 中的所有整数. 若 $n>0$, 则表示分解为 $sl(2, R)\subset osp(2, 1)$ 的两个维数分别是 n 和 $n+1$ 的单表示的直和. 最后, 我们指出, $osp(2, 1)$ 的所有单表示的维数都是奇数.

§8. 辛 坐 标

利用 Darboux 的一个定理,可得到这样一个结论: 两个同维数的辛流形是局部同构的.在本节中,我们用对维数进行归纳的方法,给出这个结论的一个证明. Moser (参看文献 [29]) 指出了另一通过变换给出的证明,他的结果我们将在 §11 中加以叙述.

设M是一流形, α 是M上任意的一个 p-形式. 考虑切丛 TM 中所有这样的元素 v, 它们满足条件: 若 $v\in T_xM$, 则 $i(v)\alpha_x=0$. 这些 v 所构成的集合称为 α 的核,记为 $\mathrm{Ker}\alpha$. 若 $\mathrm{Ker}\alpha$ 是 TM 的纤维维数是 $\dim M-r$ 的子向量丛,则称 α 具有常秩 r.

8.1. **引理.** 设M是一流形,映射

$$\varphi: M\to R^s$$

是一子浸入. 设 $\alpha\in\Omega^p(M)$. 若

$$\mathrm{Ker}\varphi^T\subset(\mathrm{Ker}\alpha)\cap(\mathrm{Ker}d\alpha),$$

则对M的任一点 x^0, 存在 x^0 的一个开邻域U和 $\Omega(\varphi(U))$ 中的一个形式β, 使 $\alpha|U=\varphi^*(\beta)$.

证. 设 $n=\dim M$, 并设 $y_1,\cdots,y_s$ 是 R^s 的自然坐标. 令 $x_i=y_i\circ\varphi$.因为 φ 是子浸入,所以存在 x_0 在M中的一个开邻域V和V上的可微函数 $x_{s+1},\cdots,x_n$ 使得 $x_1,\cdots,x_n$ 是V上的坐标系. 对于 $i=s+1,\cdots,n$, 向量场 $\dfrac{\partial}{\partial x_i}$ 是 V 上纤维丛 $\mathrm{Ker}\varphi^T$ 的截面. 设 $\mathfrak{S}(p, n)$ 为所有满足

$$\tau(1)<\tau(2)<\cdots<\tau(p)$$

的映射 τ

$$[1, p] \to [1, n]$$

所成的集合．并设 $\alpha|_V$ 的坐标表达式是

$$\alpha|_V = \sum_{\tau \in \mathfrak{S}(p,n)} f_\tau dx_{\tau(1)} \wedge \cdots \wedge dx_{\tau(p)}.$$

因为对 $i > s$ 有

$$i\left(\frac{\partial}{\partial x_i}\right)\alpha = 0,$$

所以若 $\tau(p) > s$，则 $f_\tau = 0$．于是有

$$\alpha|_V = \sum_\tau f_\tau (dy_{\tau(1)} \cdots dy_{\tau(p)}),\ \tau \in \mathfrak{S}(p, s).$$

又因为对 $i > s$ 有

$$i\left(\frac{\partial}{\partial x_i}\right)d\alpha = 0,$$

所以对所有的 $i > s$ 有

$$\frac{\partial}{\partial x_i} f_\tau = 0.$$

于是推出，在 x_0 的某一开邻域中，设该邻域为 U，函数 f_τ 具有形式 $f_\tau = \varphi^*(g_\tau)$，这里 g_τ 是 $\varphi(U)$ 上的可微函数．令

$$\beta = \sum_\tau g_\tau dy_{\tau(1)} \wedge \cdots \wedge dy_{\tau(p)},\ \tau \in \mathfrak{S}(p, s),$$

则我们有

$$\alpha|_U = \varphi^*(\beta).$$

证完．

8.2．**命题**．设M和N是两个流形，映射

$$\varphi:\ M \to N$$

是一到上的子浸入．假定φ的纤维是连通的．设α是M上的一个微分形式使得

$$\operatorname{Ker}\varphi^T = (\operatorname{Ker}\alpha) \cap (\operatorname{Ker} d\alpha),$$

则在N上存在唯一的一个微分形式β使得

$$\alpha = \varphi^*(\beta).$$

证．根据引理 8.1，对任一 $x \in M$，存在 x 的一个开邻域 U_x

和 $\varphi(U_x)$ 上的微分形式 β_x 使得

$$\alpha|_{U_x} = \varphi^*(\beta_x).$$

把 β_x 看作是空间 N 上的纤维丛的一个截面，则对任意的 $x, y \in M$，在 $\varphi(U_x \cap U_y)$ 上我们有 $\beta_x = \beta_y$. 又因为 φ 的纤维是连通的，于是在 $\varphi(U_x) \cap \varphi(U_y)$ 上有 $\beta_x = \beta_y$. 从而在 $\varphi(M) = N$ 上存在一个微分形式 β 使等式

$$\beta_x = \beta|_{\varphi(U_x)}$$

对所有的 $x \in M$ 都成立. 于是 $\alpha = \varphi^*(\beta)$. 又因为

$$\varphi^T: TM \to TN$$

是满射，所以上式唯一地确定了 β. 证完.

设 M 是一流形，向量丛 TM 的一个子向量丛 E 称为是**可积的**，若它是一微分流形并且对它上的任两可微截面 $X, Y, [X, Y] = X \circ Y - Y \circ X$ 都是 E 的截面.

例如，若

$$\varphi: M \to N$$

是一常秩可微映射，则子纤维丛 $\mathrm{Ker}\varphi^T \subset TM$ 便是可积的.

下面引述的 Frobenius 定理表明，在局部上，TM 的所有可积子丛都可用上面例子中的同样的方法得到. 该定理的证明读者可在任何一本关于流形的书上找到.

Frobenius 定理. 设 M 为一流形，E 是 TM 的一个可积子丛. 设 E 的纤维的维数是 r，TM 的纤维的维数是 n，则在局部上，M 上存在坐标 $x_1, \cdots, x_n$ 使

$$E = \bigcap_{r < i \leqslant n} \mathrm{Ker}\, dx_i.$$

于是对上述的局部坐标，$\dfrac{\partial}{\partial x_1}, \cdots, \dfrac{\partial}{\partial x_r}$ 在局部上是 E 的截面的一组基.

推论. 设 M 是一流形，E 是 TM 的一个可积子丛，则对任意的 $x \in M$，存在 x 在 M 中的一个开邻域 U 和子浸入

$$\varphi: U \to R^{n-r}$$

使得

$$\mathrm{Ker}\varphi^T = E \cap TU.$$

证. 这是 Frobenius 定理的直接推论. 证完.

8.3. **命题.** 设M是一流形，$\alpha \in \Omega^p(M)$ 是一闭微分 p-形式，并设α在M上每一点处的秩都是r，则对任意的$x \in M$，存在x的一个开邻域U，子浸入

$$\varphi: U \to R^r$$

以及 p-形式 $\beta \in \Omega^p(\varphi(U))$ 使得

$$\alpha|_U = \varphi^*(\beta).$$

并且，β也是闭形式，它在$\varphi(U)$的每一点处的秩也是r.

证. 因为α在M的每一点处的秩都是r，所以 $E = \mathrm{Ker}\alpha$ 是 TM 的一个子丛而且其纤维的维数是$n-r$，这里 $n = \dim M$. 因为 $E = \mathrm{Ker}\alpha$，所以E的可微截面是M上的满足 $i(X)\alpha = 0$ 的向量场X. 若 X, Y 是E的两个截面，则我们有

$$\begin{aligned} i([X, Y])\alpha &= \theta(X)\, i(Y)\alpha + i(Y)\theta(X)\alpha \\ &= i(Y)\theta(X)\alpha \\ &= i(Y)\,(di(X)\alpha + i(X)\, d\alpha) = 0. \end{aligned}$$

所以 $[X, Y]$ 也是E的截面. 从而E是可积的. 由 Frobenius 定理的推论，对任意的 $x \in M$，存在x的一个开邻域U_0和子浸入 $\varphi: U_0 \to R^r$ 使得

$$\mathrm{Ker}\varphi^T = E \cap TU_0.$$

因为

$$(\mathrm{Ker}\alpha) \cap (\mathrm{Ker}d\alpha) = \mathrm{Ker}\alpha = E \supset \mathrm{Ker}\varphi^T,$$

根据引理 8.1，存在x的一个含于U_0中的开邻域U和$\beta \in \Omega^p(\varphi(U))$ 使得

$$\alpha|_U = \varphi^*(\beta).$$

又因为φ是子浸入并且

$$\varphi^*(d\beta) = d\varphi^*(\beta) = d\alpha = 0,$$

所以我们有 $d\beta = 0$. 因为

$$\mathrm{Ker}\beta = \varphi^T(\mathrm{Ker}\alpha|_U) = 0,$$

所以β的秩恒等于r. 证完.

推论. 设α是流形M上在每一点处的秩都是$2r$的闭2-形

式，则对任意的 $x\in M$，存在 x 的一个开邻域 U 和子浸入

$$\varphi: U \to R^{2r},$$

以及 $\varphi(U)$ 上的一个辛结构 ω 使得

$$\alpha|_U = \varphi^*(\omega).$$

证. 直接应用命题 8.3 便可. 证完.

8.4. **定理** (**Darboux**). 设 M 是一流形，α 是 M 上在每一点处的秩都是 $2r$ 的闭 2-形式，则对任意的 $x\in M$，存在 x 的一个开邻域 U 和 U 上的可微函数 $x_1, \cdots, x_{2r}$ 使得

$$\alpha|_U = dx_1\wedge dx_{r+1} + \cdots + dx_r\wedge dx_{2r}.$$

证. 我们对 $2r+\dim M$ 进行归纳. 当 $2r+\dim M = n$ 时，结论显然成立.

下面我们把证明分作两步.

(1) 设 $2r<\dim M$. 根据命题 8.3 的推论，存在 x 的一个邻域 U_0，子浸入

$$\varphi: U_0 \to R^{2r}$$

和 $\varphi(U_0)$ 上的辛结构 ω 使得

$$\alpha|_{U_0} = \varphi^*(\omega).$$

因为

$$\dim\varphi(U) = 2r < \dim M,$$

因此我们可以假设结论在 $2r-2$ 时成立，而对 $\dim\varphi(U)=2r$，存在 $y=\varphi(x)$ 在 R^{2r} 中的一个开邻域 V 和 V 上的可微函数 $y_1, \cdots, y_{2r}$ 使得

$$\omega|_V = dy_1\wedge dy_{r+1} + \cdots + dy_r\wedge dy_{2r}.$$

令 $x_i = y_i\circ\varphi$，则得

$$\alpha|_{\varphi^{-1}(V)} = dx_1\wedge dx_{r+1} + \cdots + dx_r\wedge dx_{2r}.$$

于是我们就对所有 $2r<\dim M$ 证明了结论.

(2) 设 $2r=\dim M$. 此时，α 是 M 上的一个辛结构，而映射

$$X \longmapsto i(X)\alpha$$

是从 M 上的向量场模到模 $\Omega^1(M)$ 上的一个模同构. 所以对 M 上任一可微函数 f，在 M 上存在唯一的一个向量场 H_f 使得 $i(H_f)\alpha=$

df(我们将在 §9 中仔细研究映射 $f \mapsto H_f$). 设 f 是 x 的某一邻域上的可微函数使 $df_x \neq 0$, 则在 x 的某一邻域上有 $H_f \neq 0$. 我们还可以在 x 的一个充分小的开邻域 U_0 上找到一可微函数 g, 使对 U_0 的任一点都有 $H_f \cdot g = 1$. 现设 $\alpha' = \alpha - df \wedge dg$, 则 $d\alpha' = 0$ 且

$$i(H_f)\alpha' = df - (i(H_f)i(H_f)\alpha) \wedge dg - df \wedge (i(H_f)dg) = 0.$$

于是 α' 在 U_0 上任一点处的秩都 $<2r$. 另一方面,

$$\alpha^r = (\alpha')^r + r(\alpha')^{r-1} \wedge df \wedge dg = r(\alpha')^{r-1} \wedge df \wedge dg,$$

这说明在 U_0 的任一点处都有 $(\alpha')^{r-1} \neq 0$. 于是 α' 在 U_0 上是常秩为 $r-1$ 的形式. 由 (1) 可知在 x 的某一含于 U_0 中的开邻域 U 上存在可微函数 $x_1, \cdots, x_{r-1}$ 和 $x_{r+1}, \cdots, x_{2r-1}$ 使得

$$\alpha' = dx_1 \wedge dx_{r+1} + \cdots + dx_{r-1} \wedge dx_{2r-1}.$$

于是得知在 U 上有

$$\alpha = dx_1 \wedge dx_{r+1} + \cdots + dx_r \wedge dx_{2r},$$

其中 $x_r = f$, $x_{2r} = g$. 证完.

注. 因为 α 在每一点处的秩都是 $2r$, 所以函数 $x_1, \cdots, x_{2r}$ 在 U 的任意一点处都是不相关的.

8.5. **定义**. 设 (M, ω) 是一 $2n$ 维辛流形, U 是 M 的一个开集. U 上的坐标 $x_1, \cdots, x_{2n}$ 称为辛坐标, 若

$$\omega|_U = dx_1 \wedge dx_{n+1} + \cdots + dx_n \wedge dx_{2n}.$$

由 Darboux 定理知, 在 M 的每一点的一个适当的邻域上, 存在局部的辛坐标. 设 M 的维数是 $2n$. 对 R^{2n} 中的开集, 我们把它看作具有由 R^{2n} 上的标准辛结构的拉回辛结构的 $2n$ 维辛流形. 于是, 利用 M 的一个开集 U 上的辛坐标, 可定义一个从 $(U, \omega|_U)$ 到 R^{2n} 的一个开集上的同构. 局部辛坐标的存在还证明了两个同维数的辛流形是局部同构的.

§ 9. Hamilton 向量场和辛向量场

设 X 是流形 M 上的一个向量场, U 是 M 的一个开集, I 是 R 的

包含 0 的一个开区间．设可微映射

$$\varphi: I \times U \to M$$

满足下面的两个条件：

(i) $\varphi(0,x) = x$, $\forall x \in U$,

(ii) 映射：$a \longmapsto \varphi(a, x)$ 对 $\forall x \in U$ 都是 X 的一条积分曲线，

则我们称 φ 是由 X 产生的一个流（flot）．

记 t 为投影

$$R \times M \to R,$$

并把偏导算子 $\dfrac{\partial}{\partial t}$ 看作流形 $R \times M$ 上的向量场，则上面的条件 (ii) 等价于要求

$$\varphi^T \circ \frac{\partial}{\partial t} = x \circ \varphi,$$

而在 $\Omega(M)$ 上则等价于

$$\theta\left(\frac{\partial}{\partial t}\right) \circ \varphi^* = \varphi^* \circ \theta(x).$$

设 $a \in I$，则可定义一浸入

$$\lambda_a: x \longmapsto (a, x), \ x \in U.$$

于是 λ_a 把 U 映入 IXU 中，而且 $\varphi_a = \varphi \circ \lambda_a$ 是一依赖于参数 $a \in I$ 的从 U 到 M 内的可微映射族．由 φ 的定义可知，对每一 $a \in I$，φ_a 都是从 U 到 $\varphi_a(U)$ 上的一个微分同胚．

9.1. **引理**． 设 α 是 M 上的一个微分 p-形式，X 是 M 上的一个向量场，$\varphi: I \times U \to M$ 是由 X 产生的一个流，则为使 U 上的 p-形式 $\varphi_a^*(\alpha)$ 不依赖于参数 $a \in I$，充分必要条件是在 $\varphi(I \times U)$ 上有 $\theta(X)\alpha = 0$．

证． 由微分形式

$$\varphi_a^*(\alpha), \ a \in I,$$

所构成的族可以看作是 $I \times U$ 上的微分形式

$$i\left(\frac{\partial}{\partial t}\right)(dt \wedge \varphi^*(\alpha)).$$

但是我们有

$$\theta\left(\frac{\partial}{\partial t}\right) i\left(\frac{\partial}{\partial t}\right)(dt\wedge\varphi^*(\alpha))$$

$$=i\left(\frac{\partial}{\partial t}\right)\theta\left(\frac{\partial}{\partial t}\right)(dt\wedge\varphi^*(\alpha))$$

$$=i\left(\frac{\partial}{\partial t}\right)\left(dt\wedge\theta\left(\frac{\partial}{\partial t}\right)\varphi^*(\alpha)\right)$$

$$=i\left(\frac{\partial}{\partial t}\right)(dt\wedge\varphi^*\theta(X)\alpha).$$

所以若 $\theta(X)\alpha=0$，则 $\varphi_a^*(\alpha)$ 不依赖于 $a\in I$. 反之,若 $\varphi_a^*(\alpha)$ 不依赖于 a，则根据上面的计算,我们有

$$\varphi^*\theta(X)\alpha=dt\wedge r,\ \ r\in\Omega^{p-1}(I\times U).$$

从而对任意的 $a\in I$ 有

$$\varphi_a^*\theta(X)\alpha=\lambda_a^*\varphi^*\theta(X)\alpha=\lambda_a^*(dt)\wedge\lambda_a^*(r)=0.$$

又由于全部 φ_a 都是子浸入,因此在 $\varphi(I\times U)$ 上有 $\theta(X)\alpha=0$. 证完.

9.2. **定义.** 设 (M,ω) 是一辛流形，若 M 上的一个向量场 X 满足 $\theta(X)\omega=0$，则我们称它为辛向量场.

因为 $d\omega=0$，所以向量场 X 为一辛向量场当且仅当 1-形式 $i(X)\omega$ 是闭的. 根据引理 9.1 可知,若 X 是辛向量场，则对任意一个由 X 产生的流

$$\varphi:\ I\times U\rightarrow M,$$

和任意的 $a\in I$，我们有

$$\varphi_a^*(\omega)=\varphi_0^*(\omega)=\omega|U.$$

从而 φ_a 是从 $(U,\omega|U)$ 到 $(\varphi(U),\ \omega|\varphi(U))$ 上的一个同构.

下面我们把辛流形 (M,ω) 上所有的辛向量场所构成的集合记为 $S(M,\omega)$. 因为映射

$$X\longmapsto\theta(X)$$

是一实线性映射，所以由辛向量场的定义可知 $S(M,\omega)$ 是 M 的向量场空间的一个子空间. 又因为

$$\theta([X,Y])=[\theta(x),\theta(Y)],$$

所以若 X, Y 是辛向量场，则 $[X, Y]$ 也是辛向量场．于是 $S(M, \omega)$ 是M上的向量场所构成的 Lie 代数的一个子代数．若 $X \in S(M, \omega)$，则对任一开集 $U \subset M$，有

$$X|U \in S(U, \omega|U).$$

注意到映射

$$X \longmapsto i(X)\omega, \quad X\text{是}M\text{上的向量场},$$

是一双射，所以利用它可定义辛向量场空间 $S(M, \omega)$ 到M的闭 1-形式所构成的向量空间上的一个标准同构．为了更好地研究这一同构的性质，我们先简单回顾一下 de Rham 群的定义．设 $Z^p(M)$ 是映射

$$d: \Omega^p(M) \to \Omega^{p+1}(M)$$

的核，即 $Z^p(M)$ 是M上所有的闭 p-形式所构成的空间．设 $B^p(M)$ 是

$$d: \Omega^{p-1}(M) \to \Omega^p(M)$$

的象，则 $B^p(M) \subset Z^p(M)$．于是我们可定义

$$H^p(M) = Z^p(M)/B^p(M), \quad 0 \leqslant p \leqslant n.$$

这里 $n = \dim M$．我们把 $H^p(M)$ 称为M的 p 维 de Rham 群．为了明确 $H^p(M)$ 是 R-模，我们也把它写成 $H^p(M, R)$．容易知道 $H^0(M, R) = R$，若M是连通的．

现对任意的 $X \in S(M, \omega)$，令 X 与 $i(X)\omega$ 所代表的 $H^1(M, R)$中的上同调类对应，我们就得到一个标准满线性映射

$$\rho: S(M, \omega) \to H^1(M, R).$$

下面我们来定义一个从空间 $C^\infty(M)$ 到空间 $S(M, \omega)$ 内的标准线性映射 H．对任一函数 $f \in C^\infty(M)$，令 f 对应于M上的向量场 H_f 使得 $i(H_f)\omega = df$．于是 H_f 是唯一确定的．因为 df 是闭的，所以 H_f 是一个辛向量场．又根据定义知H的核与 d 的核重合．从而该核就是M上的局部为常数的函数空间 $H^0(M, R)$．前面说过，若M是连通的，则 $H^0(M, R) = R$．对任意的 $f \in C^\infty(M)$，$i(H_f)\omega$ 都是一正合形式，于是 $\rho(H_f) = 0$．反之，若 $X \in S(M, \omega)$ 且 $\rho(X) = 0$，则存在 $f \in C^\infty(M)$ 使 $i(X)\omega = df$，$X = H_f$．于

是我们得到一标准正合列

$$(9.3)\ (0)\to H^0(M,R)\to C^\infty(M)\xrightarrow{H}S(M,\omega)\xrightarrow{\rho}H^1(M,R)\to(0).$$

9.4. **定义**. 辛流形 (M,ω) 上的形如 $H_f\ (f\in C^\infty(M))$ 的向量场称为 Hamilton 向量场.

根据定义可知，所有的 Hamilton 向量场都是辛向量场. 若 $H^1(M,R)=0$，特别地若 M 单连通，则由 (9.3) 知所有的辛向量场都是 Hamilton 向量场. 一般地，对 $H^1(M,R)\neq 0$ 的情形，因为每一个闭的 1-形式都局部地重合于一个正合 1-形式，所以任一辛向量场都局部地重合于一个 Hamilton 向量场.

例1. 考虑经典力学的动力系统. 可以把它看作是某一流形 Q（称 Q 为组态空间，参看文献[2]和[9]）的切丛 TQ 上的一组向量场. 而 Lagrange 动力系统则是在定义了辛结构的 TQ 上的一组 Hamilton 向量场. 例如，描述质量为 m 的质点在欧氏空间 $Q=R^3$ 中的运动的动力系统，在势 U 的作用下，具有下面的形式:

$$X=\sum_{i=1}^{3}\dot{q}_i\frac{\partial}{\partial q_i}+\frac{1}{m}\sum_{i=1}^{3}\frac{\partial U}{\partial q_i}\frac{\partial}{\partial \dot{q}_i},$$

其中 q_1, q_2, q_3 是 R^3 中的自然坐标，而 $\dot{q}_i=dq_i\ (i=1,2,3)$ 是 TR^3 上的函数. 质量为 m 的质点的轨迹是 X 的积分曲线在 R^3 上的投影.

设

$$\omega=m\sum_{i=1}^{3}dq_i\wedge d\dot{q}_i,$$

则 ω 是 TR^3 上的一个辛结构. 若设

$$f=\frac{1}{2}\sum_{i=1}^{3}m\dot{q}_i^2-U$$

为"动-势能"函数，则有

$$df=\sum_{i=1}^{3}m\dot{q}_id\dot{q}_i-\sum_{i=1}^{3}\frac{\partial U}{\partial q_i}dq_i,$$

而且 $i(X)\omega=df$. 于是 $X=H_f$.

例 2. 设 $\omega = dx_1 \wedge dx_2$ 是 R^2 上的标准辛结构,令

$$C = x_1 \frac{\partial}{\partial x_1} + x_2 \frac{\partial}{\partial x_2},$$

则对 R^2 上任一可微函数 f 有

$$d(i(fC)\omega) = \theta(fC)\omega$$
$$= 2f\omega + df \wedge \omega = (2f + Cf)\omega.$$

所以,为使 fC 是一辛向量场,充分必要条件是 $Cf + 2f = 0$. 在一般情形下,这个条件在 0 点的邻域内不能保证. 例如,若 $f = (x_1^2 + x_2^2)^{-1}$,则向量场 fC 是 $R^2 \setminus (0)$ 上的一个辛向量场. 但是这时我们有

$$i(fC)\omega = \frac{x_1 dx_2 - x_2 dx_1}{x_1^2 + x_2^2},$$

这不是正合微分形式,所以向量场 fC 不是 Hamilton 向量场.

Hamilton 向量场和辛向量场的一些整体性质. 设 (M, ω) 是一辛流形,$f \in C^\infty(M)$,则 Hamilton 向量场 H_f 在点 $x \in M$ 处为 0 的充分必要条件是 $df_x = 0$,即 x 是 f 的一个临界点. 若 M 是紧流形(维数 >0),则 M 上每一 Hamilton 向量场在 M 上至少有两个零点,而对于不是 Hamilton 场的辛向量场,则可能在任一点处都 $\neq 0$.

例. 设 f 是 R^{2n} 上的一个非零线性型. 由于 df 以及 R^{2n} 上的标准辛结构都在平移下不变,所以 H_f 也在平移下不变. 令 x 是 H_f 在环面 R^{2n}/Z^{2n} 上的投影,则在 R^{2n}/Z^{2n} 的商辛结构下,X 是一辛向量场(比较§6,例 2). 这一辛向量场恒不为 0.

若 (M, ω) 是一紧辛流形而且 $H^1(M, R) = (0)$,则 (M, ω) 的所有由某一辛向量场所产生的流所给出的自同构 φ 至少有两个不动点. 事实上,这时辛向量场是 Hamilton 向量场,而它的零点就是 φ 的不动点. 这一性质对 (M, ω) 的恒等映射的 C^1 逼近(C^1-proche)自同构也成立(参看文献[29]).

设 (M, ω) 是一 $2n$ 维的辛流形,U 是 M 上的体积有限的连通开集,即

$$\int_U \omega^n < \infty.$$

(例如,相对紧开集.)设X是(M, ω)上的一个辛向量场且设 φ: $I \times U \to M$ 是由X产生的一个流.于是对任意的 $a \in I$, $\varphi_a^*(\omega)=\omega|U$, 所以

$$\int_{\varphi_a(U)} \omega^n = \int_U \omega^n.$$

若 $\varphi_a(U) \subset U$, 则必有 $\varphi_a(U) = U$. 设S是U的边界,若S是M的一个超曲面,则不可能对每一 $y \in S$, 向量 X_y 都横截于S (transverse à S). 特殊地,若 $X = H_f$,则 f 在S上的限制的临界点就是所有使得 $X_y \in T_yS$ 的点 y.

9.5. **引理**. 设 X, Y 是辛流形(M, ω)上的两个辛向量场,则

$$[X, Y] = H_{\omega(Y,X)}.$$

证. 事实上,

$$\begin{aligned} i([X, Y])\omega &= \theta(X)i(Y)\omega - i(Y)\theta(X)\omega \\ &= \theta(X)i(Y)\omega = (di(x) + i(x)d)i(Y)\omega \\ &= d(i(X)i(Y)\omega) = d\omega(Y, X), \end{aligned}$$

再由 $H_{\omega(Y,X)}$ 的定义便知引理成立. 证完.

9.6. **引理**. 设X是(M, ω)上的一个辛向量场, $f \in C^\infty(M)$, 则

(i) $Xf = \omega(H_f, X)$,

(ii) $[X, H_f] = H_{Xf}$.

证 事实上,

$$Xf = df(X) = (i(H_f)\omega)(X) = \omega(H_f, X).$$

而(ii)是(i)和引理9.5的直接推论. 证完.

9.7. **定义**. 设 (M, ω) 是一辛流形. 我们称从 $C^\infty(M) \times C^\infty(M)$到 $C^\infty(M)$内的实双线性映射

$\{,\}$: $(f, g) \longmapsto \{f, g\} = H_f g$, $f, g \in C^\infty(M)$, 为 Poisson 括号.

9.8. **引理**. 设 f, g 是辛流形(M, ω)上的两个可微函数,则有

$$\{f, g\} = \omega(H_g, H_f), \quad [H_f, H_g] = H_{\{f,g\}},$$

其中$[\,,\,]$是M上的向量场 Lie 代数通常的括号.

证. 事实上,

$$\{f, g\} = H_f g = i(H_f)dg = i(H_f)i(H_g)\omega = \omega(H_g, H_f),$$

所以第一个等式成立. 再利用引理 9.5 便可证明第二式. 证完.

9.9. **命题**. Poisson 括号满足下列等式:

(i) $\{f, g\} + \{g, f\} = 0$,

(ii) $\{f, \{g, h\}\} + \{g, \{h, f\}\} + \{h, \{f, g\}\} = 0$,

(iii) $\{f, gh\} = \{f, g\}h + g\{f, h\}$,

其中 $f, g, h \in C^\infty(M)$.

证. (i) 可由 $\{f, g\} = \omega(H_g, H_f)$ 导出. 利用引理 9.8, 我们有

$$\begin{aligned}\{f, \{g, h\}\} &= H_f H_g h = [H_f, H_g]h + H_g H_f h \\ &= H_{\{f,g\}}h + \{g, \{f, h\}\} \\ &= \{\{f, g\}, h\} + \{g, \{f, h\}\}.\end{aligned}$$

再利用 (i) 便得 (ii). 最后,

$$\begin{aligned}\{f, gh\} &= H_f(gh) = (H_f g)h + g(H_f h) \\ &= \{f, g\}h + g\{f, h\}.\end{aligned}$$

证完.

命题 9.9 里的关系式 (i) 和 (ii) 表明, $C^\infty(M)$ 对 Poisson 括号构成 R 上的一个 Lie 代数.

9.10.**命题**. 若在 $H^0(M, R)$ 和 $H^1(M, R)$ 上定义零括号使它们成为 Lie 代数,则正合序列 (9.3)

$$(0) \to H^0(M, R) \to C^\infty(M) \xrightarrow{H} S(M, \omega) \xrightarrow{\rho} H^1(M, R) \to (0)$$

成为一 Lie 代数正合列.

证. 若 $f, g \in H^0(M, R)$, 则因函数 g 在局部上是常数, 所以有 $\{f, g\} = H_f g = 0$. 于是内射 $H^0(M, R) \to C^\infty(M)$ 是一 Lie 代数同态. 根据引理 9.8 可知

$$H\colon C^\infty(M) \to S(M, \omega)$$

也是 Lie 代数同态. 设 $X, Y \in S(M, \omega)$ 是两个辛向量场,根据引

理 9.5，我们有

$$i([X, Y])\omega = i(H_{\omega(Y,X)})\omega = d(\omega(Y, X)).$$

于是 $[X, Y]$ 在 $H^1(M, R)$ 中的象是零，所以映射

$$\rho: S(M, \omega) \to H^1(M, R)$$

是 Lie 代数同态．证完．

我们已经知道，辛向量场集 $S(M, \omega)$ 是M的向量场 Lie 代数的一个 Lie 子代数，而根据引理 9.8，我们知道 Hamilton 向量场的全体构成 $S(M, \omega)$ 的一个 Lie 子代数．

9.11. **命题**． 由 Poisson 括号所定义的 Lie 代数 $C^\infty(M)$ 的中心是M上的局部常数函数空间 $H^0(M, R)$．

证．事实上，若 $f \in C^\infty(M)$ 且对任意的 $g \in C^\infty(M)$ 有 $\{f, g\} = 0$，则 $H_f g = \{f, g\} = 0$ 对所有的 $g \in C^\infty(M)$ 都成立．于是 $H_f = 0$．又我们已经知道 $H^0(M, R)$ 是H的核，所以 $f \in H_0(M, R)$．反之，对任意的 $f \in H^0(M, R)$ 当然有 $\{f, g\} = 0$, $\forall g \in C^\infty(M)$．证完．

设 (P, ω_P) 和 (Q, ω_Q) 是两个辛流形且设

$$\varphi: P \to Q$$

是一可微映射．因为映射

$$X \longmapsto i(X)\omega_P$$

是从 P 上的向量场模到模 $\Omega^1(P)$ 上的一个同构，所以对 Q 上任一向量场 Y，存在 P 上唯一的一个向量场 $\varphi^*(Y)$ 使下式成立：

$$i(\varphi^*(Y))\omega_P = \varphi^*(i(Y)\omega_Q).$$

映射 $\varphi^*: Y \longmapsto \varphi^*(Y)$ 是一实线性映射． 若 $g \in C^\infty(M)$，则有

$$\varphi^*(gY) = \varphi^*(g)\varphi^*(Y).$$

9.12. **引理**． (P, ω_P)，(Q, ω_Q) 同上． 设 Y 是 Q 上的一个辛向量场，则 $\varphi^*(Y)$ 是 P 上的一个辛向量场并且对任意的 $g \in C^\infty(Q)$ 都有

$$\varphi^*(H_g) = H_{\varphi^*(g)}.$$

证．事实上，若 Y 是一辛向量场，则

$$di(\varphi^*(Y))\omega_P = d\varphi^*(i(Y)\omega_Q) = \varphi^*(di(Y)\omega_Q) = 0,$$

所以由 $\theta(\varphi^*(Y))$ 的定义知

$$\theta(\varphi^*(Y))\omega_P = di(\varphi^*(Y))\omega_P + i(\varphi^*(Y))d\omega_P = 0.$$

于是 $\varphi^*(Y)$ 是辛向量场．又对任意的函数 $g \in C^\infty(Q)$ 有

$$i(\varphi^*(H_g))\omega_P = \varphi^*(i(H_g)\omega_Q) = \varphi^*(dg) = d\varphi^*(g),$$

所以 $\varphi^*(H_g) = H_{\varphi^*(g)}$．证完．

9.13. **引理**．设 (P, ω_P) 和 (Q, ω_Q) 是两辛流形，

$$\varphi: (P, \omega_P) \to (Q, \omega_Q)$$

是一辛流形同态，则对任一点 $x \in P$ 和任意的 Q 上的向量场 Y，向量

$$\varphi^T(\varphi^*(Y)_x) - Y_{\varphi(x)}$$

对于 $(\omega_Q)_{\varphi(x)}$ 与 $\varphi^T(T_xP)$ 正交．

证．事实上，因为 $\omega_P = \varphi^*(\omega_Q)$，所以对任一向量 $v \in T_xP$，我们有

$$\begin{aligned}
&\omega_Q(\varphi^T(\varphi^*(Y)_x, \varphi^T v)) = \omega_P(\varphi^*(Y)_x, v) \\
&= (i(\varphi^*(Y))\omega_P)(v) = (\varphi^*(i(Y)\omega_Q))(v) \\
&= (i(Y)\omega_Q)(\varphi^T v) = \omega_Q(Y_{\varphi(x)}, \varphi^T v).
\end{aligned}$$

因此结论成立．证完．

9.14. **命题**．设 (P, ω_P) 和 (Q, ω_Q) 是两辛流形，$\varphi:(P,\omega_P) \to (Q, \omega_Q)$ 是一辛流形同态．若 $\dim P = \dim Q$，则对任意的 f，$g \in C^\infty(Q)$ 有

$$\varphi^*\{f, g\} = \{\varphi^*(f), \varphi^*(g)\}.$$

并且对 Q 上的任意两个向量场 X, Y 有

$$\varphi^*[X, Y] = [\varphi^*(X), \varphi^*(Y)].$$

证．因为 $\dim P = \dim Q$，所以 φ 在局部上是一辛流形同构，注意到 Poisson 括号的定义是局部性的，便知第一个等式自然成立．下面我们给出一个直接的证明．根据引理 9.13，我们有 $\varphi^T \circ \varphi^*(Y) = Y \circ \varphi$，从而 $\varphi^*(Y)\varphi^*(g) = \varphi^*(Yg)$ 对 Q 上任一向量场 Y 和任意的 $g \in C^\infty(Q)$ 成立．于是，若 $f, g \in C^\infty(Q)$，则由引理 9.12 得

$$\{\varphi^*(f), \varphi^*(g)\}$$
$$= H_{\varphi^*(f)}\varphi^*(g) = \varphi^*(H_f)\varphi^*(g)$$
$$= \varphi^*(H_f g) = \varphi^*\{f, g\}.$$

现设 X, Y 是 Q 上的两个向量场，$g \in C^\infty(Q)$，则有

$$(\varphi^*[X, Y])\varphi^*(g) = \varphi^*([X, Y]g)$$
$$= \varphi^*(X)\varphi^*(Yg) - \varphi^*(Y)\varphi^*(Xg)$$
$$= [\varphi^*(X), \varphi^*(Y)]\varphi^*(g).$$

因为 φ 是一子浸入，所以必有

$$\varphi^*[X, Y] = [\varphi^*(X), \varphi^*(Y)].$$

证完.

在命题 9.14 的假定下，映射

$$\varphi^*: C^\infty(Q) \to C^\infty(P)$$

是一 Lie 代数同态（利用 Poisson 括号把它们定义为 Lie 代数）. 要注意，不是局部同胚的辛流形的同态不具有这个性质.

例. 设 $(P, \omega_P) = (R^2, dy_1 \wedge dy_2)$ 而

$$(Q, \omega_Q) = (R^4, dx_1 \wedge dx_3 + dx_2 \wedge dx_4),$$

则浸入：

$$\varphi: (a_1, a_2) \to (a_1, 0, a_2, 0)$$

是一辛流形同态. 我们有

$$\varphi^*(x_1x_4) = \varphi^*(x_1x_2) = 0.$$

下面我们来计算 $\{x_1x_4, x_1x_2\}$. 现在

$$\omega_Q = dx_1 \wedge dx_3 + dx_2 \wedge dx_4,$$

所以有

$$i\left(\frac{\partial}{\partial x_1}\right)\omega = dx_3, \qquad i\left(\frac{\partial}{\partial x_2}\right)\omega = dx_4,$$
$$i\left(\frac{\partial}{\partial x_3}\right)\omega = -dx_1, \qquad i\left(\frac{\partial}{\partial x_4}\right)\omega = -dx_2.$$

根据 H_{x_j} 的定义有

$$i(H_{x_j})\omega = dx_j,$$

所以

$$H_{x_1} = -\frac{\partial}{\partial x_3}, \quad H_{x_2} = -\frac{\partial}{\partial x_4}, \quad H_{x_3} = \frac{\partial}{\partial x_1}, \quad H_{x_4} = \frac{\partial}{\partial x_2}.$$

于是得（利用命题 9.9）

$$\begin{aligned}\{x_1x_4, x_1x_2\} &= \{x_1x_4, x_1\}x_2 + \{x_1x_4, x_2\}x_1 \\ &= \{x_1, x_1\}x_4x_2 + \{x_4, x_1\}x_1x_2 + \{x_1, x_2\}x_1x_4 + \{x_4, x_2\}x_1^2 \\ &= x_1^2.\end{aligned}$$

而且

$$\varphi^*\{x_1x_4, x_1x_2\} = \varphi^*(x_1^2) = y_1^2 \neq 0.$$

所以 φ^* 不是 Lie 代数同态.

§ 10. 辛坐标下的 Poisson 括号

设(M, ω)是一辛流形，由于在这一节中，我们只限于考虑局部的性质，所以我们不妨假定 $x_1, \cdots x_{2n}$ 是整个(M, ω)上的一个辛坐标系. 于是，若把 R^{2n} 中的开集看作是具有标准辛结构的辛流形，则 $x_1, \cdots, x_{2n}$ 定义了一个从(M, ω)到 R^{2n} 的某一开集上的一个同构. 因为

$$\omega = \sum_{i=1}^{n} dx_i \wedge dx_{n+i},$$

若

$$X = \sum_{i=1}^{2n} a_i \frac{\partial}{\partial x_i}$$

是M上的一个向量场，则有

$$i(x)\omega = \sum_{i=1}^{n} (a_i dx_{n+i} - a_{n+i} dx_i).$$

因此，如果 $f \in C^\infty(M)$ 且 $i(X)\omega = df$，则

$$a_i = \frac{\partial f}{\partial x_{n+i}}, \qquad a_{n+i} = \frac{\partial f}{\partial x_i} \; (i = 1, \cdots, n).$$

于是知道，函数 $f \in C^\infty(M)$ 所对应的 Hamilton 向量场 H_f 有表达式

$$H_f = \sum_{i=1}^{n} \left(\frac{\partial f}{\partial x_{n+i}} \frac{\partial}{\partial x_i} - \frac{\partial f}{\partial x_i} \frac{\partial}{\partial x_{n+i}} \right),$$

而对 $f, g \in C^\infty(M)$，我们有

$$(10.1)\ \{f, g\} = \sum_{i=1}^{n}\left(\frac{\partial f}{\partial x_{n+i}}\frac{\partial g}{\partial x_i} - \frac{\partial f}{\partial x_i}\frac{\partial g}{\partial x_{n+i}}\right).$$

特别地,对于坐标函数有

$$H_{x_i} = -\frac{\partial}{\partial x_{n+i}}, \qquad H_{x_{n+i}} = \frac{\partial}{\partial x_i},$$

$$\{x_i, x_{n+j}\} = \{x_{n+i}, x_{n+j}\} = 0,$$

$$\{x_i, x_{n+j}\} = -\delta_{ij},$$

其中 $i, j = 1, \cdots, n$.

现假定 $(M, \omega) = (R^{2n}, \underline{\omega})$, 其中

$$\underline{\omega} = \sum_{i=1}^{n} dx_i \wedge dx_{n+i}$$

是 R^{2n} 上的标准辛结构. 设 P 是由 $C^{\infty}(R^{2n})$ 中的多项式函数所构成的子代数. 对任整数 $r \geqslant 0$, 记 P_r 为 r 次齐次多项式所构成的空间. 根据式(10.1), 对任意 $r, s \geqslant 0$ 有

$$\{P_r, P_s\} \subset P_{r+s-2}.$$

令 $\mathfrak{g}_r = P_{r+2}$, 则有

$$\{\mathfrak{g}_r, \mathfrak{g}_s\} \subset \mathfrak{g}_{r+s}.$$

将 P 按 $\mathfrak{g}_r$ 在 Z 中分级后, 我们就得到一个分级 Lie 代数. 这个分级 Lie 代数的中心是 $\mathfrak{g}_{-2}$, 即常数函数空间. 空间 $\mathfrak{g}_{-1}$ 由 R^{2n} 上的线性函数构成,而空间 $\mathfrak{g}_0$ 则由二次型构成. $\mathfrak{g}_0$ 是一维数为 $n(2n+1)$ 的 Lie 子代数. 利用映射 $f \longmapsto H_f$, 我们可以定义从 $\mathfrak{g}_{-1}$ 到常向量场(在 R^{2n} 的平移作用下不变的向量场)所构成的空间上的一个同构. 利用同一映射, 我们还可以得到从 $\mathfrak{g}_0$ 到 $S(R^{2n}, \underline{\omega})$ 中的一次辛向量场所构成的 Lie 子代数上的一个同构. 该子代数同构于§4 中介绍过的辛群 $Sp(n)$ 的 Lie 代数 $sp(R^{2n}, \omega_0)$. 事实上, 设 α 是 R^{2n} 上的一个自同态, 令 L_α 为 R^{2n} 上满足

$$L_\alpha \cdot x_i = -x_i \circ \alpha, \quad i = 1, \cdots, 2n,$$

的向量场. 对任意的 $\xi \in R^{2n}$, 记 L_ξ 为满足

$$L_\xi x_i = x_i(\xi), \quad i = 1, \cdots, 2n,$$

的向量场, 则有

$$[L_\alpha, L_\xi] = L_{\alpha(\xi)}.$$

于是对任意的 $\xi, \eta \in R^{2n}$,

$$\begin{aligned}
&(\theta(L_\alpha)\underline{\omega})(L_\xi, L_\eta)\\
&= L_\alpha\underline{\omega}(L_\xi, L_\eta) - \underline{\omega}([L_\alpha, L_\xi], L_\eta) - \underline{\omega}(L_\xi, [L_\alpha, L_\eta])\\
&= \underline{\omega}(L_{\alpha(\xi)}, L_\eta) + \underline{\omega}(L_\xi, L_{\alpha(\eta)})\\
&= \omega_0(\alpha(\xi), \eta) + \omega_0(\xi, \alpha(\eta)),
\end{aligned}$$

其中

$$\omega_0 = \sum_{i=1}^{n} x_i \wedge x_{n+i} \in A^2(R^{2n}).$$

于是向量场 L_α 为辛向量场当且仅当 $\alpha \in sp(R^{2n}, \omega_0)$.

10.2. **引理**. 若 $f \in P_1$ 且 $f \neq 0$, 则 P 的自同态映射

$$g \longmapsto \{f, g\}, \ g \in P,$$

是满自同态.

证. 事实上,设 $u_1, \cdots, u_{2n}$ 是辛空间(R^{2n}, ω_0)的一组辛基使得 $f(u_i) = \delta_{1i}$, 又设 $y_1, \cdots, y_{2n}$ 为 $u_1, \cdots, u_{2n}$ 的对偶基, 则 $y_1, \cdots, y_{2n}$ 是流形 $(R^{2n}, \underline{\omega})$ $(R^{2n}, \underline{\omega})$ 上的辛坐标,并且等式

$$\{f, g\} = -\frac{\partial g}{\partial x_{n+1}}$$

对任意的 $g \in P$ 成立,故结论成立. 证完.

10.3. **引理**. Lie 代数 P 中仅有的理想子代数是 (0), P_0 (零次多项式集合) 和 P.

证. 事实上, 设 $\mathfrak{a}$ 为 Lie 代数 P 的一个含有次数 > 0 的多项式函数的理想,因为对所有的 i 有 $\{x_i, \mathfrak{a}\} \subset \mathfrak{a}$, 从而 $\mathfrak{a}$ 在 $\frac{\partial}{\partial x_i}$ 的作用下不变. 于是 $\mathfrak{a}$ 中含这样一个多项式函数 $f = f_0 + f_1$, 这里 $f_0 \in P_0$, $f_1 \in P_1 \backslash (0)$. 所以对任意的 $g \in P$, 我们有 $\{f, g\} = \{f_1, g\}$. 又由于映射

$$g \longmapsto \{f_1, g\}, \ g \in P,$$

是满射 (引理 10.2), 所以有 $\mathfrak{a} = P$. 又 (0) 和 P_0 显然是理想. 证完.

形式辛向量场 Lie 代数. 设 (M, ω) 为一辛流形, $x \in M$. 记

m_x^∞ 为由 $C^\infty(M)$ 中在点 x 处的值为零的函数构成的极大理想.设

$$m_x^\infty = \bigcap_{p>0} m_x^p.$$

根据命题 9.9，对任意的 $f \in C^\infty(M)$，映射

$$g \longmapsto \{f, g\}, \quad g \in C^\infty(M),$$

是 $C^\infty(M)$ 的一个导子. 所以对任意的 $p>0$，有 $\{f, m_x^p\} \subset m_x^{p-1}$，并且 $\{f, m_x^\infty\} \subset m_x^\infty$. 这说明 m_x^∞ 不但对结合代数结构是 $C^\infty(M)$ 的一个理想,而且对由 Poisson 括号所定义的 Lie 代数结构也是一个理想. 于是我们可以定义商代数. 我们把商代数

$$J_x(M) = C^\infty(M)/m_x$$

称为点 x 处的射流 (jet) 代数. 它是一 Lie 代数. 我们仍然把 $J_x(M)$ 的 Lie 代数括号称为 Poisson 括号并记为 $\{,\}$.

10.4. **命题.** (0)，R 和 $J_x(M)$ 是 Lie 代数 $J_x(M)$ 中仅有的理想.

证. (0)和 R 显然是 $J_x(M)$ 的理想. 我们证明 $J_x(M)$ 中除(0)和 R 外仅有的理想是 $J_x(M)$ 本身. 为此，在 x 的某一邻域内选定在点 x 处为零的辛坐标系，于是就把所考虑的情形化为考虑辛流形 (R^{2n}, ω) 在原点处的函数射流代数 $J_0(R^{2n})$，这里 $\omega = \sum_{i=1}^{n} dx_i \wedge dx_{n+i}$ 是标准辛结构. 作为结合代数，$J_0(R^{2n})$ 等同于关于 $x_1, \cdots, x_{2n}$ 的形式序列代数 (l'algèbre des séries formelles en $x_1, \cdots, x_{2n}$). 若

$$f = \sum_{p>0} f_p, \qquad f_p \in P_p; \ g = \sum_{p>0} g_p, g_p \in P_p,$$

则

$$\{f, g\} = \sum_{p,q>0} \{f_p, g_q\}.$$

设 $\mathfrak{a}$ 为 Lie 代数 $J_0(R^{2n})$ 的一个不包含于 $R = P_0$ 中的理想. 因为 $\{x_i, \mathfrak{a}\} \subset \mathfrak{a}$, $i = 1, \cdots, 2n$, $\mathfrak{a}$ 在偏导 $\frac{\partial}{\partial x_i}$, $i = 1, \cdots, 2n$, 的作用下不变. 于是 $\mathfrak{a}$ 中至少含一个这样的元素

$$h=\sum_{p>0}h_p,\quad h_p\in P_p,$$

其中 h_1 是 P_1 中的非零元素. 于是映射

$$g\longmapsto\{h,g\},\ g\in J_0(R^{2n}),$$

是 $J_0(R^{2n})$ 的一个满同态. 事实上,若

$$g=\sum_{p>0}g_p\in J_0(R^{2n}),$$

则 $\{h,g\}$ 在 P_r 中的项是

$$\{h,g\}_r=\{h_1,g_{r+1}\}+\{h_2,g_r\}+\cdots+\{h_{r+1},g_1\}.$$

于是根据引理 10.2, 对任意的

$$f=\sum_{p>0}f_r\in J_0(R^{2n}),$$

我们可以逐步地定义 g_p 使

$$f_r=\{h_1,g_{r+1}\}+\cdots+\{h_{r+1},g_1\}$$

对任意的 r 成立. 令 $g=\sum_{p>0}g_p$, 则有 $\{h,g\}=f$. 但是 $h\in\mathfrak{a}$, 所以 $f\in\mathfrak{a}$. 由 f 的任意性便得 $\mathfrak{a}=J_0(R^{2n})$. 证完.

设 X 是流形 M 上的一个向量场,则 Lie 导子

$$\theta(X):\ f\longmapsto Xf$$

保持 m_x^∞ 不变,通过作商,便在射流代数 $J_x(M)$ 上诱导出一个导子 $J_x(X)$, 我们称它为向量场 X 在点 x 处的射流 (jet). 若 (M,ω) 是一辛流形,则下面的两个映射

$$f\longmapsto H_f\quad 和\quad X\longmapsto J_x(X)$$

的复合映射是一个从 Lie 代数 $C^\infty(M)$ 到由 $J_x(M)$ 的导子构成的 Lie 代数内的一个同态. 因为任一辛向量场都在 x 的某个邻域内与一 Hamilton 向量场重合, 所以同态映射 $f\longmapsto J_x(H_f)$ 的象是辛向量场在点 x 处的射流 Lie 代数. 若 $f\in m_x^\infty$, 则有

$$H_fC^\infty(M)\subset m_x^\infty,$$

于是 $J_x(H_f)=0$. 通过作商, 我们得到从 Lie 代数 $J_x(M)$ 到辛向量场在点 x 处的射流所构成的 Lie 代数上的一个满同态. 若 $f\in C^\infty(M)$ 且 $J_x(H_f)=0$, 则有 $H_fC^\infty(M)\subset m_x^\infty$, 于是对所有的 $g\in$

$C^\infty(M)$ 都有 $\{f,g\}\in m_x^\infty$. 这表明 $f-f(x)\in m_x^\infty$. 于是，$J_x(f)$ 是常数 $f(x)$ 的射流. 总起来,我们得到一正合序列

$$(0)\to R\to J_x(M)\to J_x(S(M,\omega))\to 0.$$

10.5. **命题**. 辛流形上所有辛向量场在某一点处的射流全体构成的 Lie 代数是一单 Lie 代数.

证. 因为 $J_x(S(M,\omega))$ 同构于 $J_x(M)/R$，所以这个命题实际上是命题 10.4 的另一种叙述形式. 证完.

§11. 辛流形的子流形

设 (M,ω) 是一辛流形并设 N 是 M 的一个子流形. 若 $x\in N$，则 T_xN 是辛向量空间 (T_xM,ω_x) 的一个向量子空间.

11.1. **定义**. 辛流形 (M,ω) 的子流形 N 称为是迷向子流形(或余迷向子流形，Lagrange 子流形，辛子流形)，如果对任一 $x\in N$，空间 T_xN 都是辛空间(T_xM,ω_x)的一个迷向(或余迷向，Lagrange，辛)子空间.

对于从某一流形 P 到辛流形 (M,ω) 内的浸入映射，我们也使用同样的术语. 例如，浸入映射 $\varphi: P\to M$ 称为 Lagrange 浸入，若对任意的 $y\in P$，φ^T 都把 T_yP 映为 $(T_{\varphi(y)}M,\omega_{\varphi(y)})$ 的一个 Lagrange 子空间.

不论 (M,ω) 的子流形 N 是迷向的，余迷向的，Lagrange 的或是辛的，ω 在 N 上的拉回 $\omega|N$ 都是一常秩 2-形式. 若 N 是余迷向的，则 $\omega|N$ 的秩等于 $2\dim N-\dim M$. 若 N 是 M 的 Lagrange 子流形，则 $\dim N=\frac{1}{2}\dim M$.

设 N 是 M 的一个子流形，$i: N\to M$ 为内射，则 TM 的逆象是底空间 N 上的向量丛，我们把它记为 T_NM. 对任一 $x\in N$，T_NM 在点 x 上的纤维可等同于 T_xM，从而它具有一辛向量空间结构. 把 TN 看作 T_NM 的一个子向量丛，并把 T_NM 的在点 x 上的纤维是 $(T_xN)^\perp$ 的子向量丛记为 $TN^\perp$. 于是，为使子流形 N 是迷

向的（或者余迷向的），充分必要条件是 $TN \subset TN^{\perp}$（或 $TN \supset TN^{\perp}$）；为使N是 Lagrange 的，充分必要条件是 $TN = TN^{\perp}$；而若 $TN \cap TN^{\perp} = (0)$，则N是辛子流形．

11.2. **扩充引理（A. Weinstein）**．设M是一 $2n$ 维流形，N是M的一个闭子流形．设 ω_0，ω_1 是M上的两个辛结构，它们在 $\Lambda^2(T_N M)$ 上的限制相同．则存在N在M中的两个开邻域 U_0 和 U_1，以及从 U_0 到 U_1 上的微分同胚 φ_1 使 φ_1 在N上的限制是恒等映射且 $\omega_0 = \varphi_1^*(\omega_1)$．

证．我们需要引用 Poincaré 引理的一个一般形式（参看文献[29]）：因为N是闭子流形，所以存在N在M中的一个开邻域V和V上的 1-形式 β 使 β 在 $T_N M$ 上为零且 $d\beta = (\omega_0 - \omega_1)|V$．记从 $R \times M$ 到R上的投影映射为 t，把M上的微分形式和由投影所定义的它们在 $R \times M$ 上的拉回视为相同的，则我们可以假设

$$\tilde{\omega} = \omega_0 + t(\omega_1 - \omega_0) \in \Omega^2(R \times M).$$

这个微分形式在 $R \times N$ 的任意一点处的秩都是 $2n$．因而在 $R \times N$ 在 $R \times M$ 中的某一开邻域上，它的秩也是 $2n$，我们设 V' 是这样的一个开邻域．因为 $R \times V$ 是 $R \times N$ 的一个开邻域，所以我们可选取 V' 使得 $V' \subset R \times V$．根据 β 的定义和 V' 的选取，我们知道 $\beta|V'$ 的核是 TV' 的一个由向量场 $\frac{\partial}{\partial t}$ 所生成的子向量丛．因为 $i\left(\frac{\partial}{\partial t}\right)\beta = 0$，所以存在 V' 上的向量场X使得 $i(X)\tilde{\omega} = \beta|V'$．而且我们可以选取$X$使得 $i(X)dt = 0$，这是可以做到的，因为这相当于选取N的邻域上的向量场使它依赖于参数 t．因为 β 在 $T_N M$ 上为零，所以向量场X在 $R \times N$ 上恒为零．于是，存在 $[0, 1] \times N$ 在 $R \times M$ 中的一个开邻域W和可微映射

$$\varphi: W \to R \times M,$$

使得

(i) $\varphi^T \circ \frac{\partial}{\partial t} = \left(X + \frac{\partial}{\partial t}\right) \circ \varphi$，

(ii) $\varphi(0, x) = x$，对 $\forall (0, x) \in W$，

注意到在 $\Omega(\varphi(W))$ 上，条件 (i) 等价于

$$\theta\left(\frac{\partial}{\partial t}\right)\circ\varphi^* = \varphi^*\circ\theta\left(X+\frac{\partial}{\partial t}\right)$$

把它应用到函数 t 上得

$$\frac{\partial}{\partial t}(t\circ\varphi)=1.$$

于是在$[0,1]\times N$ 的某一邻域上有 $t\circ\varphi=t$（参看下图）.

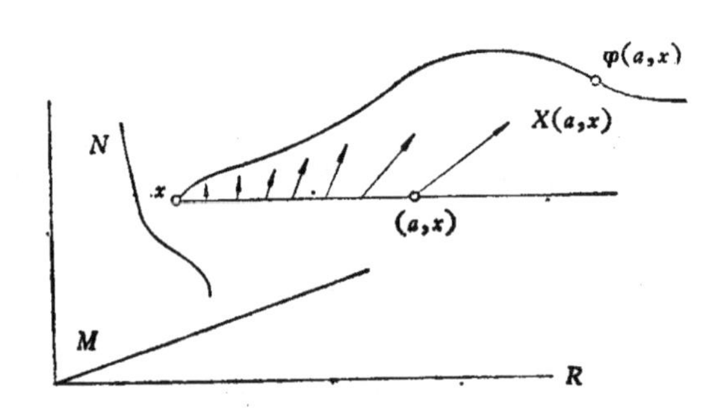

对任意的 $x\in N$，根据W的定义知道，有 x 在M中的一个开邻域 V_x 使得 $[0,1]\times V_x\subset W$. 于是有N在M中的开邻域 U_0 使得 $[0,1]\times U_0\subset W$. 对任一 $a\in[0,1]$，定义从 U_0 到M内的映射 φ_a 为

$$\varphi(a,x)=(a,\varphi_a(x)),\ \forall_x\in U_0.$$

我们证明 U_0 上的微分形式族 $\varphi_a^*(\tilde{\omega})$ 不依赖于 a. 注意到该微分形式族实际上就是

$$i\left(\frac{\partial}{\partial t}\right)(dt\wedge\varphi^*(\tilde{\omega})),$$

用 $\theta\left(\frac{\partial}{\partial t}\right)$ 作用得

$$\theta\left(\frac{\partial}{\partial t}\right)i\left(\frac{\partial}{\partial t}\right)(dt\wedge\varphi^*(\tilde{\omega}))$$

$$=i\left(\frac{\partial}{\partial t}\right)\left(dt\wedge\theta\left(\frac{\partial}{\partial t}\right)\varphi^*(\tilde{\omega})\right)$$

$$= \theta\left(\frac{\partial}{\partial t}\right)\varphi^*(\tilde{\omega})$$

$$= \varphi^*\theta\left(X + \frac{\partial}{\partial t}\right)\tilde{\omega}$$

$$= \varphi^*(di(X)\tilde{\omega} + \omega_1 - \omega_0)$$

$$= d\beta + \omega_1 - \omega_0 = 0.$$

所以 $\varphi_a^*(\tilde{\omega})$ 不依赖于参数 $a \in [0, 1]$，从而

$$\varphi_1^*(\omega_1) = \varphi_0^*(\omega_0).$$

因为 φ_0 是恒等映射，所以我们有 $\varphi_1^*(\omega_1) = \omega_0$，也就是说，$\varphi_1$ 是从 $(U_0; \omega_0)$ 到 $(\varphi_1(U_0), \omega_1)$ 上的一个同构．又因为 X 在 $R \times N$ 上等于 0，所以 φ_1 在 N 上的限制是恒等映射．证完．

注1．由于我们假定了 ω_0 和 ω_1 在 $\wedge^2 T_N M$ 上相等而不仅仅是在 $\wedge^2 TN$ 上相等，所以我们能够在 N 的某一邻域上选取 1-形式 β 使 $d\beta = \omega_0 - \omega_1$．并且我们可以选取这样的 β，使得不但对任意的 $x \in N$ 都有 $\beta_x = 0$，而且 β 在 N 的任一点处的一阶射流也等于零．当 β 具有这些性质时，相应的微分同胚 φ_1 就给出一个在 $T_N M$ 上为恒等映射的切丛映射 φ_1^T（参看文献 [29]）．

注2．把引理 11.2 应用于 $N = \{x\}$，则可推出在点 $x \in M$ 的某一邻域上存在辛坐标系．

11.3．**命题**．设 (M, ω) 是一辛流形，N 是 (M, ω) 的一个闭的 Lagrange 子流形，则对任一点 $x \in N$，存在 x 的开邻域 V 和 V 上的辛坐标系 $y_1, \cdots, y_{2n}$ 使得 $N \cap V$ 是 V 中满足 $y_1 = \cdots = y_n = 0$ 的点集．

证．事实上，设 U 是 x 的一个开邻域且设 $x_1, \cdots, x_{2n}$ 是 U 上的坐标系使得对 $N \cap U$ 中的点，等式 $x_1 = x_2 = \cdots = x_n = 0$ 成立．把引理 11.2 应用于辛结构 $\omega_0 = \omega | U$ 和 $\omega_1 = \sum_{i=1}^{n} dx_i \wedge dx_{n+i}$，便得到具有所求性质的辛坐标 $y_i = \varphi_1^*(x_i)$．证完．

辛流形的 Lagrange 子流形在辛流形理论中占有重要的地位，许多内容的讨论都与它有关联．我们先来看几个例子，然后给

出一个构造 Lagrange 子流形的基本方法．

例 1. 设 (M, ω) 是一 2 维辛流形，则它的所有 Lagrange 子流形都是 1 维的，从而都是曲线，因为 ω 是反对称形式，所以 M 的任意一条曲线都是 Lagrange 子流形．

例 2. **$(R^{2n}, \underline{\omega})$ 的 Lagrange 子流形．** 我们设 $x_1, \cdots, x_{2n}$ 是 R^{2n} 上的辛坐标使得

$$\underline{\omega} = \sum_{i=1}^{n} dx_i \wedge dx_{n+i}.$$

设 U 是 R^n 的一个开子集且设

$$\varphi:\ x \longmapsto (\varphi_1(x), \cdots, \varphi_n(x))$$

是从 U 到 R^n 内的一个可微映射．令

$$N_\varphi = \{(x, \varphi(x)): x \in U\},$$

则 N_φ 称为 φ 在 $U \times R^n \subset R^{2n}$ 中的图形． 为使 N_φ 是 $(R^{2n}, \underline{\omega})$ 的一个 Lagrange 子流形，充分必要条件是浸入

$$x \longmapsto (x, \varphi(x)),\ x \in U,$$

是一迷向浸入．这个条件可以表达为

$$\sum_{i=1}^{n} dx_i \wedge d\varphi_i = 0.$$

换句话说，为使 N_φ 为一 Lagrange 子流形，充分必要条件是 1-形式 $\sum_{i=1}^{n} \varphi_i dx_i$ 是一闭形式．如果 $\sum_{i=1}^{n} \varphi_i dx_i$ 是某一函数 $f: U \to R$ 的全微分，则它当然就是闭的． 在这种特殊情形，我们称 f 为 Lagrange 子流形 N_φ 的一个**生成函数**．

设

$$\psi:\ (x, y) \longmapsto (\psi_1(x, y), \cdots, \psi_n(x, y))$$

是从 $U \times R^n$ 到 R^n 内的一个可微映射． 我们利用 ψ 定义一个映射 $\boldsymbol{\psi}$

$$\boldsymbol{\psi}:\ (x, y) \longmapsto (x, y + \psi(x, y)),\ (x, y) \in U \times R^n,$$

则 $\boldsymbol{\psi}$ 是从 $U \times R^n$ 到其自身内的可微映射． 为使 $\boldsymbol{\psi}$ 是辛流形 $(U \times R^n, \underline{\omega})$ 的一个自同态，充分必要条件是

$$\sum_{i=1}^{n} dx_i \wedge d\phi_i = 0.$$

这相当于要求 $\phi(x, y)$ 不依赖于 y 并且 $\sum_{i=1}^{n} \phi_i dx_i$ 是 U 上的闭形式. 若 ϕ 满足这两条, 则 $\boldsymbol{\phi}$ 是辛流形 $(U \times R^n, \underline{\omega})$ 的一个自同构. 反之, 若 $\sum_{i=1}^{n} \phi_i dx_i$ 是 U 上的任意一个闭的微分 1-形式, 则我们可以利用 dx_i 的系数 $\phi_i(i = 1, \cdots, n)$ 来定义上面的 ϕ, 从而得到 $(U \times R^n, \underline{\omega})$ 到其自身上的一个同构. 于是, 在 U 上的闭的微分 1-形式加法群和辛流形 $(U \times R^n, \underline{\omega})$ 的保持纤维 R^n 不变的自同构群之间存在一标准同构, 该自同构群的元素限制在纤维 $\{x\} \times R^n$ 上是一平移变换. 相应的 Lagrange 子流形 N_ϕ 是 Lagrange 子流形 $U \times \{0\}$ 在 $\boldsymbol{\phi}$ 下的象.

11.4. **命题**. 设 (M_1, ω_1) 和 (M_2, ω_2) 是两个辛流形, φ: $M_1 \to M_2$ 是一可微映射, 则 φ 是一辛流形同态的充分必要条件是: φ 的图形

$$\{(x, \varphi(x)):\ x \in M_1\}$$

是辛流形 $(M_1, \omega_1) \times (M_2, -\omega_2)$ 的一个迷向子流形.

证. 事实上, 设 $\tilde{\varphi}$ 是由映射

$$x \to (x, \varphi(x)),\ x \in M_1,$$

所定义的 M_1 到 $M_1 \times M_2$ 内的浸入, 则我们有

$$\tilde{\varphi}^*(pr_1^*(\omega_1) - pr_2^*(\omega_2)) = \omega_1 - \varphi^*(\omega_2).$$

于是 φ 是辛流形同态等价于 φ 的图形是 $(M_1,\omega_1)\times(M_2,-\omega_2)$ 的一个迷向子流形. 证完.

若 $\dim M_1 = \dim M_2$, 则从 (M_1, ω_1) 到 (M_2, ω_2) 内的一个辛流形同态的图形是 $(M_1,\omega_1) \times (M_2,-\omega_2)$ 的一个 Lagrange 子流形, 因为这时该同态的图形是 $(M_1,\omega_1) \times (M_2, -\omega_2)$ 的一个维数为 $\dim M_1$ 的迷向子流形. 但是 $(M_1, \omega_1) \times (M_2,-\omega_2)$ 的 Lagrange 子流形不一定是某一同态的图形.

用收缩法构造 Lagrange 子流形. 设 (M, ω) 是一辛流形,

$N \subset M$ 是M的一个余迷向子流形．又设(M', ω')是另一辛流形，

$$\varphi: N \to M'$$

是一子浸入使得

$$\varphi^*(\omega') = \omega | N.$$

因为N是一余迷向子流形，故$\omega | N$是常秩的．所以根据命题 8.3 的推论，我们总可以找到这样的一个辛流形(M', ω')和一子浸入φ使得它在N的某个点的某一邻域内满足上面的条件．

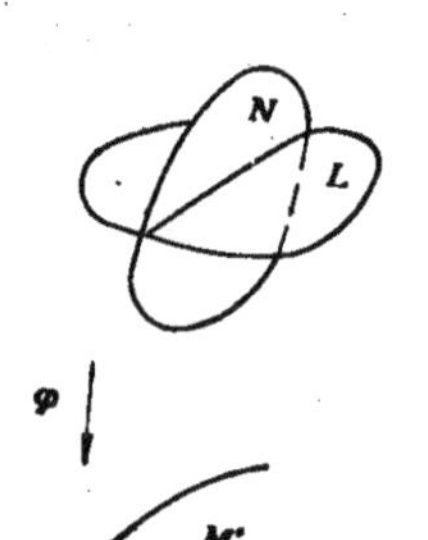

设L为(M, ω)的一个 Lagrange 子流形．我们假设L和N有一个"适用交"(bonne intersection)，即

(1) $L \cap N$ 是M的一个子流形，

(2) $T(L \cap N) = TL \cap TN$.

设 $x \in L \cap N$. 因为T_xN是(T_xM, ω_x)的一个余迷向子空间，所以子空间 $T_xL \cap T_xN + T_xN^{\perp}$ 是 $(T_xN, (\omega | N)_x)$ 的一个 Lagrange子空间（命题 1.5）．因为

$$\varphi_x^T: T_xN \to T_{\varphi(x)}M'$$

是一满射且

$$\varphi^*(\omega') = \omega | N,$$

所以子空间

$$\varphi_x^T(T_xL \cap T_xN + T_xN^{\perp})$$

是$(T_{\varphi(x)}M', \omega'_{\varphi(x)})$的一个 Lagrange 子空间．但是

$$TN^{\perp} \subset \mathrm{Ker}\varphi^T \text{ 且 } T_xL \cap T_xN = T_x(L \cap N),$$

于是对任意的 $x \in M$, $\varphi^T(T_x(L \cap N))$ 是

$$(T_{\varphi(x)}M', \omega'_{\varphi(x)})$$

的一个 Lagrange 子空间． 这证明了φ在$L \cap N$上的限制是常秩$\frac{1}{2}\dim M'$的，在N的局部上，该限制分解为到 M' 内的一个 Lagrange 浸入的一个连续子浸入(se factorise en une submersion suivie d'une immersion Lagrangienne dans M').

于是，对任意的 $x \in L \cap N$，存在x在N中的一个邻域V使得$\varphi(V)$是(M', ω')的一个 Lagrange 子流形． 我们把这样构造出

来的(M',ω')的 Lagrange 子流形称为是由 Lagrange 子流形 L 收缩而得到的.

下面我们来看一个例子.

例. 设

$$z_j = x_j + iy_j,\ j = 1,\cdots,n+1,$$

是 C^{n+1} 上的自然坐标并设

$$h = \sum_{j=1}^{n+1} dz_j d\bar{z}_j$$

是标准 Hermite 型. h 的虚部是

$$-\sum_{j=1}^{n+1} dx_j \wedge dy_j.$$

这是 C^{n+1} 上的一个辛结构. 若记 p 为从 $C^{n+1}\backslash(0)$ 到投影空间 CP^n 上的标准投影,则由§6 中的例 5,可知在 CP^n 上存在辛结构 ω 使得

$$p^*(\omega) = -\frac{1}{r}\sum_j dx_j \wedge dy_j + \frac{1}{2}\frac{dr}{r^2}\sum_j (x_j dy_j - y_j dx_j),$$

其中 $r = \sum_j z_j\bar{z}_j$. 设 S^{2n+1} 为由 $r=1$ 所定义的球面. 因为它的余维数等于 1, 所以它是$(C^{n+1}, -\sum_j dx_j \wedge dy_j)$的一个余迷向子流形. 我们有

$$p^*(\omega)|S^{2n+1} = -\sum_j dx_j \wedge dy_j | S^{2n+1}.$$

把 p 限制在 S^{2n+1} 上,我们就得到利用辛流形

$$(C^{n+1}, -\sum_j dx_j \wedge dy_j)$$

的 Lagrange 子流形用收缩法构造 CP^n 的 Lagrange 子流形所需要的条件. 例如,若 E 是辛空间

$$(C^{n+1}, \sum_j x_j \wedge y_j)$$

的一个 Lagrange 向量子空间,则它是辛流形

$$(C^{n+1}, -\sum_j dx_j \wedge dy_j)$$

的一个 Lagrange 子流形, 而且它与 S^{2n+1} 的交 $E\cap S^{2n+1}$ 是一 n 维

球面.

标准投影映射 p 在 $E\cap S^{2n+1}$ 上的限制是一浸入，通过作商，由它可以得到一个从由 E 所决定的实投影空间到 CP^n 的某一 Lagrange 子流形上的微分同胚.

Poisson 括号和余迷向子流形. 设 (M, ω) 是一辛流形且设 N 是 (M, ω) 的一个余迷向子流形. 若函数 $f\in C^\infty(M)$ 在 N 上的限制是一常数,则对任一向量 $v\in TN$ 有

$$(i(H_f)\omega)(v) = df(v) = 0.$$

于是对任意的 $x\in N$ 有 $(H_f)(x)\in TN^\perp$. 因为 N 是余迷向的,所以有 $TN^\perp\subset TN$, 于是对任意的 x 有 $(H_f)(x)\in TN$. 所以, 由在 N 上为常数的函数所定义的 Hamilton 向量场与 N 相切.

现设 $f, g\in C^\infty(M)$ 且 f, g 在 N 上的限制均是常数. 那么, 因为 H_f 与 N 相切,所以对任意的 $x\in N$ 有

$$\{f, g\}(x) = (H_f g)(x) = 0.$$

这说明 M 上的所有限制在 N 上为常数的可微函数在 Poisson 括号下构成 $C^\infty(M)$ 的一个 Lie 子代数.

我们现在进一步假定 N 的余维数是 k. 设

$$f_1, \cdots, f_k\in C^\infty(M)$$

是一组在 N 上等于零且在 N 的所有的点上都有

$$df_1\wedge\cdots\wedge df_k\neq 0$$

的函数,则对任一 $x\in N$, 向量

$$(H_{f_1})(x), \cdots, (H_{f_k})(x)$$

是 $T_xN^\perp$ 的一组基而且 T_xN 是 (T_xM, ω_x) 中由

$$(H_{f_1})(x), \cdots, (H_{f_k})(x)$$

所张成的子空间的正交补.

习题. **Lagrange** 叶结构 (feuilletages). 设 (M, ω) 是一辛流形且设 E 是 TM 的一个可积子丛, 我们假定 E 是 Lagrange 子丛, 也就是说, 对所有的 $x\in M$, E_x 都是 (T_xM, ω_x) 的一个 Lagrange 子空间. 设 P 是 M 的一个子流形, 若 P 满足下面两条:

(i) $T_xP = E_x$, $\forall x\in P$,

(ii) 在包含关系下，P 是 M 中所有满足(i)的子流形所构成的集合的一个极大元，

则我们称 P 为 E 的一片积分叶子. 因为 E 是一 Lagrange 子丛，所以 E 的每一积分叶子都是 (M, ω) 的一个 Lagrange 子流形. 我们说 E 在 (M, ω) 上定义了一个 Lagrange 叶结构.

试证明：若 X, Y 是 E 的两个可微截面，则在 M 上存在唯一的一个向量场 $\nabla_X Y$ 使得对 M 上任意的向量场 Z 都有

$$\omega(\nabla_X Y, z) = X\omega(Y, Z) - \omega(Y, [X, Z]),$$

而且 $\nabla_X Y$ 是 E 的一个截面. 并证明，对 E 的任意两个可微截面 X, Y，有(参看文献 [28])

$$\nabla_X Y - \nabla_Y X = [X, Y],$$

$$\nabla_X(\nabla_Y Z) - \nabla_Y(\nabla_X Z) = \nabla_{[X,Y]} Z,$$

其中 Z 是 M 上的一个向量场.

由此导出，对 E 的任一积分叶子 P，在 P 上存在一线性连络 $\underline{\nabla}$，它的曲率和挠率都是零，并且可以这样来刻划它：若 X 和 Y 是 E 的两个可微截面，则

$$\underline{\nabla}_{X|_P}(Y|_P) = (\nabla_X Y)|_P.$$

我们将在 §12 中利用余切丛来给出 Lagrange 叶结构的例子.

第三章　余　切　丛

§12. Liouville 形式和余切丛上的标准辛结构

在这节里，我们用 P 来表示一个流形，P 上的余切丛用 T^*P 表示. 向量丛 T^*P 在任意一点 $x\in P$ 处的纤维 T_x^*P 是向量空间 T_xP 的对偶空间，T_x^*P 中的元素是点 x 处的余切向量. 我们分别用 π 和 π_* 来表示向量丛 TP 和 T^*P 在 P 上的投影. 我们用 $T(T^*P)$ 来表示余切丛 T^*P 上的切丛并用 π_0 表示 $T(T^*P)$ 在底空间 T^*P 上的投影. 把 π_* 所定义的切空间映射记为 π_*^T，则

$$\pi_*^T:\ T(T^*P)\longrightarrow TP.$$

不难看出下面的图是可交换的

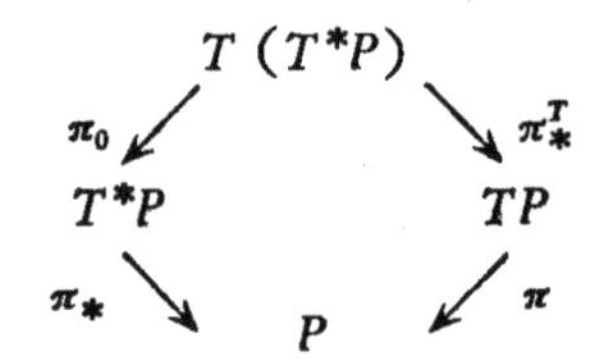

因此，由下式所定义的映射 φ_1

$$\varphi_1:\ v\longmapsto(\pi_0(v),\ \pi_*^T(v)),\ v\in T(T^*P),$$

是从 $T(T^*P)$ 到纤维丛积

$$T^*P\underset{P}{\times}TP$$

内的一个可微映射，按通常的方法，定义从

$$T^*P\underset{P}{\times}TP$$

到 R 内的映射 φ_2 如下：

$$\varphi_2:\ (\xi,u)\longmapsto\xi(u),\ (\xi,u)\in T^*P\underset{P}{\times}TP,$$

则 φ_2 也是一可微映射. φ_1 与 φ_2 的合成映射 $\varphi_2\circ\varphi_1$ 是从 $T(T^*P)$ 到 R 内的一个可微映射，它在每一纤维 $T_\xi(T^*P)(\xi\in T^*P)$上的

限制是线性映射，因此，它是流形 T^*P 上的微分 1-形式，这是一个十分重要的 1-形式. 为方便起见，若 $(\xi, u) \in T^*P \times_P TP$，我们把实数 $\xi(u)$ 记为 $\langle \xi, u \rangle$.

12.1. **定义** 在余切丛 T^*P 上定义一个微分 1-形式 α 如下：对任意的 $v \in T(T^*P)$，令

(12.2) $\alpha(v) = \langle \pi_0(v), \pi_*^T(v) \rangle$.

我们称 α 为 T^*P 上的一个 Liouville 形式.

显然，若 α 是 T^*P 上的 Liouville 形式，则有

$$\ker\alpha \supset \ker\pi_*^T.$$

把 $T(T^*P)$ 中满足 $\pi_*^T(v) = 0$ 的向量 a 称为垂直向量. 于是，Liouville 形式在 $T(T^*P)$ 的垂直向量上为零.

设 X 是 P 上的任意一个向量场，我们利用 X 来定义 T^*P 上的一个可微函数 f_X 如下：

$$f_X(\xi) = \langle \xi, X(\pi_*(\xi)) \rangle, \quad \forall \xi \in T^*P,$$

其中 $X(\pi_*(\xi))$ 代表向量场 X 在点 $\pi_*(\xi) \in P$ 的值. 于是 $f_X = 0$ 当且仅当 $X = 0$. 所以映射

$$F: X \longmapsto f_X, \quad X \text{ 是 } P \text{ 的向量场},$$

是一实线性内射. 它的象是 $C^\infty(T^*P)$ 的一个子空间，这个子空间的每一函数在 T^*P 的纤维上的限制都是线性的. 若 $g \in C^\infty(P)$ 且若 X 是 P 上的一个向量场，则有

$$f_{gX} = (g \circ \pi_*) f_X.$$

设 U 是 P 的一个开集，$x_1, \cdots, x_n$ 是 U 上的坐标. 令

$$y_i = f_{\frac{\partial}{\partial x_i}}, i = 1, \cdots, n,$$

则函数组

$$(x_1 \circ \pi_*), \cdots, (x_n \circ x_*), y_1, \cdots, y_n,$$

是 $\pi_*^{-1}(U) = T^*U$ 上的坐标. 为了简化记号，下面我们把 $C^\infty(P)$ 中的元素 g 等同于 $C^\infty(T^*P)$ 中的元素 $g \circ \pi_*$. 根据这一假定，

$$x_1, \cdots, x_n, \ y_1, \cdots, y_n$$

就是 $\pi_*^{-1}(U)$ 上的坐标. 若向量场 X 在 U 上的坐标表达式是

$$\sum_{i=1}^{n} a_i \frac{\partial}{\partial x_i},$$

则在 $\pi_*^{-1}(U)$ 上有

$$(12.3) \qquad f_X = \sum_{i=1}^{n} a_i y_i.$$

对任意的 $x \in P, \xi \in T_x^*P$ 和 $v \in T_\xi(T^*P)$，我们有

$$\pi_*^T(v) = \sum_{i=1}^{n} dx_i(\pi_*^T(v))\left(\frac{\partial}{\partial x_i}\right)_x,$$

从而，利用 $\pi_0(v) = \xi$ 得

$$\alpha(v) = \langle \pi_0(v), \pi_*^T(v) \rangle = \sum_{i=1}^{n} y_i(\xi) dx_i(\pi_*^T(v)).$$

其中 $y_i(\xi) = \left\langle \xi, \left(\frac{\partial}{\partial x_i}\right)_x \right\rangle$. 但是,

$$\begin{aligned} dx_i(\pi_*^T(v)) &= (\pi_*^* dx_i)(v) \\ &= (d(x_i \circ \pi_*))(v) \\ &= dx_i(v), \end{aligned}$$

所以在 $\pi_*^{-1}(U)$ 上我们有

$$(12.4) \qquad \alpha = \sum_{i=1}^{n} y_i dx_i.$$

12.5. **命题**. 设 α 是余切丛 T^*P 上的一个 Liouville 形式，则 2-形式 $\omega = -d\alpha$ 是 T^*P 上的一个辛结构.

证. 事实上，根据(12.4)，若 $x_1, \cdots, x_n$ 是 P 的一个坐标邻域 U 上的坐标，则在 $\pi_*^{-1}(U)$ 上有坐标 $x_1, \cdots, x_n, y_1, \cdots, y_n$ 使

$$\omega = \sum_{i=1}^{n} dx_i \wedge dy_i,$$

于是 ω 在 T^*P 的每一点处的秩都是 $2n$. 又因为它是一个闭形式，所以它是一个辛结构. 证完.

我们称 2-形式 $\omega = -d\alpha$ 为 T^*P 上的标准辛结构. 设 $U \subset P$ 是 P 的一个坐标邻域，$x_1, \cdots, x_n$ 是 U 上的坐标，则

$$x_i = x_i \circ \pi_* \quad \text{和} \quad y_i = f_{\frac{\partial}{\partial x_i}} \qquad i = 1, \cdots, n,$$

是 $\pi_*^{-1}(U)$ 上的辛坐标. 我们把它称为 T^*P 上由坐标 $x_1, \cdots, x_n$ 诱导出的局部辛坐标.

标准辛结构在经典力学中起着很重要的作用. 利用 Legendre 变换使我们能把某一切丛 TQ 上的 Lagrange 动力系统(参看 §9, 例 1)换为具有标准辛结构的余切丛 T^*Q 上的一个 Hamilton 向量场(参看文献[2]).

我们知道, 流形 P 上的任意一个微分 1-形式对应着向量丛 T^*P 的一个可微截面. 对任意的 $\beta \in \Omega^1(P)$, 我们把相应的截面记为 $\bar{\beta}$.

12.6. **命题.** T^*P 上的 Liouville 形式 α 可用下列性质来刻划: 对 P 上任意的微分 1-形式 β 有

$$\beta = \alpha \circ \bar{\beta}^T \quad (= \bar{\beta}^*(\alpha)).$$

证. 设 $u \in T_* P$ 且设 $\beta \in \Omega^1(P)$. 因为 $\pi_* \circ \bar{\beta}$ 是 P 的恒等映射, 我们有

$$(\pi_*^T \circ \bar{\beta}^T)(u) = u.$$

另一方面, 因为

$$\pi_0 \circ \bar{\beta}^T = \bar{\beta} \circ \pi,$$

于是由公式(12.2)得

$$\begin{aligned}(\alpha \circ \bar{\beta}^T)(u) &= \langle (\pi_0 \circ \bar{\beta}^T)(u), (\pi_*^T \circ \bar{\beta}^T)(u) \rangle \\ &= \langle \bar{\beta}(x), u \rangle = \beta(u), \ (x = \pi_*(u)).\end{aligned}$$

于是证明了 $\beta = \alpha \circ \bar{\beta}^T$. 又因为对任意一点 $\xi \in T_x^* P$, 切空间 $T_\xi(T^*P)$ 由这样的向量 $\bar{\beta}^T(T_x P)$ 生成, 其中 $\beta \in \Omega^1(P)$ 且 $\bar{\beta}(x) = \xi$, 所以 α 由等式 $\beta = \alpha \circ \bar{\beta}^T$ 唯一确定. 证完.

设 P 和 Q 是两个流形, 并设

$$\varphi: P \longrightarrow Q$$

是一可微映射. 下面我们假定 φ 在局部上是一微分同胚. 于是, 对任意的 $x \in P$, φ_x^T 是从 $T_x P$ 到 $T_{\varphi(x)} Q$ 上的一个同构. 于是我们有逆同构

$$(\varphi_x^T)^{-1}: T_{\varphi(x)} Q \longrightarrow T_x P.$$

上面这个同构的共轭映射定义了同构

$$T_x^*\varphi:\ T_x^*P \longrightarrow T_{\varphi(x)}^*Q.$$

于是我们可以定义一个从 T^*P 到 T^*Q 上的可微映射 $T^*\varphi$，使 $T^*\varphi$ 在每一纤维 T_x^*P 上的限制就是上面的 $T_x^*\varphi$.

于是,对任意的 $x\in P$, $u\in T_xP$ 和 $\xi\in T_x^*P$, 我们有

(12.7) $\langle (T^*\varphi)(\xi),\ \varphi^T(u)\rangle = \langle \xi, u\rangle$.

若 $\beta\in\Omega^1(Q)$，则有

$$\langle (T^*\varphi)((\varphi^*\beta)_x),\ \varphi^T(u)\rangle = \langle (\varphi^*\beta)_x,\ u\rangle = \langle \beta_{\varphi(x)},\ \varphi^T(u)\rangle.$$

于是有，

$$(T^*\varphi)\circ\overline{(\varphi^*\beta)} = \bar{\beta}\circ\varphi.$$

12.8. **命题**. 设 P 和 Q 是两个流形，α_P 和 α_Q 分别是 T^*P 和 T^*Q 上的 Liouville 形式. 设

$$\varphi:\ P\longrightarrow Q$$

是一可微映射,并设 φ 在局部上是微分同胚,则有

$$\alpha_P = \alpha_Q\circ(T^*\varphi)^T.$$

证. 事实上，由(12.2)和(12.7)，对任意的 $\xi\in T^*P$ 和 $v\in T_\xi(T^*P)$ 有

$$\begin{aligned}
&(\alpha_Q\circ(T^*\varphi)^T)(v)\\
&=\langle (\pi_0\circ(T^*\varphi)^T)(v),\ (\pi_*^T\circ(T^*\varphi)^T)(v)\rangle\\
&=\langle (T^*\varphi)(\xi),\ (\varphi^T\circ\pi_*^T)(v)\rangle\\
&=\langle \xi,\ \pi_*^T(v)\rangle\\
&=\langle \pi_0(v),\ \pi_*^T(v)\rangle = \alpha_P(v).
\end{aligned}$$

所以等式成立. 证完.

推论. $T^*\varphi:\ T^*P\longrightarrow T^*Q$ 是一辛同态.

例. 利用作为辛流形的余切丛,我们就得到一批 Lagrange 叶结构的例子. 事实上,设 P 是一流形,我们取标准辛结构使 T^*P 成为辛流形. 取 P 的一个坐标邻域 U, 设 $x_1,\cdots,x_n$ 是 U 的坐标，则在 T^*P 的子流形 $\pi_*^{-1}(U)$ 上有由 $x_1,\cdots,x_n$ 诱导的辛坐标 $x_1\cdots,x_n,\ y_1,\cdots,y_n$. 把 $\pi_*^{-1}(U)$ 看作辛流形. 令

$$E = \bigcap_{1\leqslant i\leqslant n}\ker dx_i,$$

则 E 是 $T(\pi_*^{-1}(U))$ 的一个可积 Lagrange 子丛，$\pi_*^{-1}(U)$ 的每一

纤维空间都是 E 的一片积分叶子，并且是 $\pi_*^{-1}(U)$ 的一个 Lagrange 子流形，所以 E 在 $\pi_*^{-1}(U)$ 上定义了一个 Lagrange 叶结构.

§ 13. 余切丛上的辛向量场

在这节中，P 表示一个流形，α 表示 T^*P 上的 Liouville 形式，ω 表示标准辛结构 $-d\alpha$. 设 U 是 P 的一个坐标邻域，$x_1, \cdots, x_n$ 是 U 上的坐标. 设 $x_1, \cdots, x_n, y_1, \cdots, y_n$ 是由 $x_1, \cdots, x_n$ 诱导的 $\pi_*^{-1}(U)$ 上的辛坐标. 令

$$C = \sum_{i=1}^{n} y_i \frac{\partial}{\partial y_i},$$

则 C 是 $\pi_*^{-1}(U)$ 上的一个向量场并且有 $\pi_*^T \circ C = 0$，即 C 是一垂直向量场. 显然，我们可以在 P 上定义一向量场，使该向量场在局部上具有上面的表达式. 我们仍把这个向量场记为 C.

13.1. **引理.** 符号不变，我们有

$$i(C)\omega = -\alpha, \ i(C)\alpha = 0,$$
$$\theta(C)\alpha = \alpha, \ \theta(C)\omega = \omega.$$

证. 为验证第一个式子，可以选取局部辛坐标 $x_1, \cdots, x_n, y_1, \cdots, y_n$ 使 $\alpha = \sum_{i=1}^{n} y_i dx_i$（参看 §12），然后直接计算便可. 利用第一式有

$$i(C)\alpha = -i(C)^2\omega = -\omega(C, C) = 0.$$

因此第二个式子成立. 又利用已证的一、二式有

$$\theta(C)\alpha = di(C)\alpha + i(C)d\alpha = -i(C)\omega = \alpha.$$

因此三式得证. 最后，利用 $\theta \circ d = d \circ \theta$ 得

$$\theta(C)\omega = -\theta(C)d\alpha = -d\theta(C)\alpha = -d\alpha = \omega.$$

证完.

13.2. **引理.** 对 P 上任一向量场 X 都有

$$Cf_X = f_X.$$

这里 f_X 如 §12 所定义.

证. 我们利用公式(12.3), 在 P 上选取局部坐标 $x_1, \cdots, x_n$ 和 T^*P 上的局部辛坐标 $x_1, \cdots, x_n$, $y_1, \cdots, y_n$, 使在局部上有

$$f_X = \sum_{i=1}^{n} a_i y_i,$$

其中 a_i 是 P 上的函数在 T^*P 上的拉回. 由 C 的定义有 $Ca_i = 0$, 因此

$$Cf_X = \sum_{i=1}^{n} a_i C y_i = f_X.$$

证完.

13.3. **命题.** 设 X 是 T^*P 上的一个辛向量场,则

(i) 向量场 $X + [C, X]$ 是一 Hamilton 向量场而且

$$X + [C, X] = H_{\alpha(X)},$$

(ii) $[C, X]$ 是一辛向量场

证. 根据引理 13.1 有 $\theta(C)\omega = \omega$, $i(C)\omega = -\alpha$, 所以我们有

$$\begin{aligned} & i(X + [C, X])\omega \\ &= i(X)\omega + \theta(C)i(X)\omega - i(X)\theta(C)\omega \\ &= \theta(C)i(X)\omega \\ &= di(C)i(X)\omega + i(C)di(X)\omega. \end{aligned}$$

其中第一步等式我们利用了第二章的公式

$$i([X, Y]) = \theta(X)\circ i(Y) - i(Y)\circ\theta(X).$$

又因为

$$di(X) = \theta(X) - i(X)d,$$

且 X 是一辛向量场, 所以 $i(C)di(X)\omega = 0$. 再利用等式 $i(C)i(X) + i(X)i(C) = 0$ 得

$$\begin{aligned} i(X + [C, X]\omega) &= -di(X)i(C)\omega \\ &= di(X)\alpha = d(\alpha(X)). \end{aligned}$$

于是 $X + [C, X] = H_{\alpha(X)}$ 是一 Hamilton 向量场. 而由 Hamilton 向量场的性质(§9)知它是一辛向量场,于是 $[C, X]$ 是一辛向量场. 证完.

推论 1. 对任一函数 $f \in C^\infty(T^*P)$, 我们有

$$\alpha(H_f) = Cf, \quad [C, H_f] = B_{(Cf-f)}.$$

证. 事实上,直接计算得

$$\alpha(H_f) = i(H_f)\alpha = -i(H_f)i(C)\omega$$
$$= i(C)i(H_f)\omega = i(C)d_f = Cf.$$

再根据命题 13.3 有

$$[C, H_f] = H_{\alpha(H_f)} - H_f = H_{(Cf-f)}.$$

证完.

推论 2. 对任意的 $f, g \in C^\infty(T^*P)$, 我们有

$$C\{f, g\} = \{Cf, g\} + \{f, Cg\} - \{f, g\}.$$

其中$\{,\}$是 Poisson 括号.

证. 事实上,

$$C\{f, g\} = C(H_f g) = [C, H_f]g + H_f Cg$$
$$= \{Cf, g\} - \{f, g\} + \{f, Cg\}.$$

证完.

对任意的整数 r, 令 E_r 是 $C^\infty(T^*P)$ 中所有满足

$$Cf = (r+1)f$$

的函数 f 所构成的集合. 于是, 由 E_r 的定义知, E_r 中的元素是 T^*P 上这样的可微函数,它们在每一纤维 T_x^*P 上的限制是 $r+1$ 次的齐次多项式. 因此,若 $r < -1$,则我们有 $E_r = (0)$. 而空间 E_{-1} 则是在每一纤维上为常数的函数所构成的空间, 也就是 $C^\infty(P)$ 的所有元素在 T^*P 上的拉回所构成的空间. 任给两个整数 r, s, 我们有

$$E_r E_s \subset E_{r+s+1}.$$

又根据命题 13.3 的推论 2, 对 $\forall f \in E_r$, $\forall g \in E_s$ 有

$$C\{f, g\} = (r+1)\{f, g\} + (s+1)\{f, g\} - \{f, g\}$$
$$= (r+s+1)\{f, g\}.$$

所以

$$\{E_r, E_s\} \subset E_{r+s}.$$

因此,所有 E_r 的和是 $C^\infty(T^*P)$ 的一个子代数,无论是对于结合代数结构或是对于由 Poisson 括号定义的 Lie 代数结构都对.

而且它是一Z-分级 Lie 代数.

设 $S(T^*P, \omega)$ 是辛流形 (T^*P, ω) 上的辛向量场集. 对任意的整数 r, 记 S_r 为 $S(T^*P, \omega)$ 中满足

$$[C, X] = rX$$

的辛向量场 X 所构成的空间.

设 U 为 P 的一个开邻域, $x_1, \cdots, x_n$ 为 U 上的坐标, $x_1, \cdots, x_n$, $y_1, \cdots, y_n$ 是 $\pi_*^{-1}(U)$ 上由 $x_1, \cdots, x_n$ 诱导出的辛坐标. 取 $X \in S_r$, 并设在 $\pi_*^{-1}(U)$ 上 X 有表达式

$$X = \sum_{i=1}^{n} \left(f_i \frac{\partial}{\partial x_i} + g_i \frac{\partial}{\partial y_i} \right).$$

于是,在 T^*P 的开集 $\pi_*^{-1}(U)$ 中,由 C 的定义有

$$[C, X] = \sum_{i=1}^{n} (Cf_i) \frac{\partial}{\partial x_i} + \sum_{i=1}^{n} (Cg_i - g_i) \frac{\partial}{\partial y_i}.$$

但是 $[C, X] = rX$, 所以有

$$Cf_i = rf_i, \ Cg_i = (r+1)g_i, \ i = 1, \cdots, n.$$

于是推出 f_i 和 g_i 限制在 T^*P 的,含于 $\pi_*^{-1}(U)$ 中的纤维上分别是 r 和 $r+1$ 次的齐次多项式函数. 特别地, 这证明了, 若 $r < -1$, 则 $S_r = (0)$.

13.4. **命题**. 对任意的 $r \geqslant -1$ 和任意的 $f \in E_r$, 我们有 $H_f \in S_r$.

证. 事实上,由命题 13.3 的推论 1 有

$$[C, H_f] = H_{(Cf-f)} = H_{rf} = rH_f.$$

所以 $H_f \in S_r$. 证完.

13.5. **命题**. 对任意的整数 $r > -1$, 映射

$$H: f \longmapsto H_f, \ f \in C^\infty(T^*P),$$

(参看 §9) 诱导出从 E_r 到 S_r 上的一个同构. 该同构的逆同构是

$$X \longmapsto \frac{1}{r+1} \alpha(X), \quad X \in S_r.$$

证. 事实上,若 $f \in E_r$, 则有

$$\alpha(H_f) = Cf = (r+1)f.$$

因为 $r > -1$，所以 $r+1 \neq 0$，所以该映射是一内射．它也是满射，这是因为若 $X \in S_r$，则有

$$
\begin{aligned}
C\alpha(X) &= \theta(C)i(X)\alpha \\
&= i([C, X])\alpha + i(X)\theta(C)\alpha \\
&= (r+1)\alpha(X),
\end{aligned}
$$

所以 $\alpha(X) \in E_r$，又根据命题 13.3 有

$$
H_{\alpha(X)} = X + [C, X] = (1+r)X.
$$

证完．

空间 E_{-1} 和 S_{-1}． 我们讨论一下两个特殊的空间：E_{-1} 和 S_{-1}．由 E_{-1} 的定义不难看出，T^*P 上的局部是常数的函数空间 $H^0(T^*P, R)$ 包含在 E_{-1} 中．利用正合序列 (9.3)

$$
\begin{aligned}
&(0) \longrightarrow H^0(T^*P, R) \longrightarrow C^\infty(T^*P) \xrightarrow{H} S(T^*P, \omega) \\
&\quad \longrightarrow H^1(T^*P, R) \longrightarrow (0),
\end{aligned}
$$

得一序列

$$
\begin{aligned}
(13.6)\quad &(0) \longrightarrow H^0(T^*P, R) \longrightarrow E_{-1} \xrightarrow{H} S_{-1} \longrightarrow H^1(T^*P, R) \\
&\longrightarrow (0).
\end{aligned}
$$

我们有下面的结论：

13.7. **命题．** 序列 (13.6) 是一正合序列．

证．根据命题 13.3，对任意的 $X \in S_{-1}$ 有

$$
H_{\alpha(X)} = 0.
$$

于是函数 $\alpha(X)$ 在局部上是常数．因为 α 在 T^*P 的零截面上为零，所以有 $\alpha(X) = 0$．若 $X \in S_{-1}$ 且 X 在 $H^1(T^*P, R)$ 中的象为 0，则存在 $f \in C^\infty(T^*P)$ 使 $H_f = X$．又根据命题 13.3 的推论 1，

$$
Cf = \alpha(H_f) = 0.
$$

因此，序列 (13.6) 在 S_{-1} 处是正合的．现证映射

$$
S_{-1} \longrightarrow H^1(T^*P, R)
$$

是满射．令 σ 为向量从 T^*P 的零截面．映射 $\sigma \circ \pi_*$ 在 T^*P 上同伦于单位映射．于是同态

$$
H^i(\pi_*):\ H^i(P, R) \longrightarrow H^i(T^*P, R)
$$

实际上对任意的 i 都是同构. 所以在 $H^1(T^*P, R)$ 中出现的每一上同调类都含这样的一个形式 r, 它是 P 上某一闭 1-形式在 $(\pi_*)^*$ 下的象. 因为 C 是一垂直向量场, 所以 $\theta(C)r = 0$. 所以若 X 为 T^*P 上满足 $i(X)\omega = r$ 的辛向量场,则有

$$i([C, X])\omega = \theta(C)r - i(X)\theta(C)\omega = -i(X)\omega,$$

于是 $[C, X] = -X$ 且 $X \in S_{-1}$. 所以 r 的上同调类是 S_{-1} 的某一元素的象. 又序列在 E_{-1} 和 $H^0(T^*P, R)$ 处的正合性是显然的. 证完.

注. 正合序列(13.6)同构于下面的正合序列 $(0) \longrightarrow$

$$H^0(P, R) \longrightarrow C^\infty(P) \xrightarrow{d} Z^1(P) \longrightarrow H^1(P, R) \longrightarrow (0),$$

其中 $Z^1(P)$ 是 P 上的闭 1-形式所构成的空间, 而映射 $Z^1(P) \longrightarrow H^1(P, R)$ 是一个把闭 1-形式映为它所代表的上同调类的映射. 事实上, 我们定义空间 $\Omega^1(P)$ 到 T^*P 上的向量场空间的一个标准同构使对 $\forall Y \in T(T^*P)$ 有

$$[C, Y] = -Y$$

如下: 对任意的 $\beta \in \Omega^1(P)$, 定义 T^*P 上的向量场 X_β 使

$$i(X_\beta)\omega = (\pi_*)^*(\beta).$$

这个映射导出 $Z^1(P)$ 到 S_{-1} 上的一个同构, 把它记为 ρ, 则不难验证下图是一交换图(习题):

$$\begin{array}{ccccccccccc}
(0) & \longrightarrow & H^0(T^*P, R) & \longrightarrow & E_{-1} & \xrightarrow{H} & S_{-1} & \longrightarrow & H^1(T^*P, R) & \longrightarrow & (0) \\
 & & \uparrow H^0(\pi_*) & & \uparrow (\pi_*)^* & & \uparrow \rho & & \uparrow H^1(\pi_*) & & \\
(0) & \longrightarrow & H^0(P,R) & \longrightarrow & C^\infty(P) & \longrightarrow & Z^1(P) & \longrightarrow & H^1(P, R) & \longrightarrow & (0).
\end{array}$$

Lie 代数 E_0 和 S_0. 设 $D(P)$ 是 P 上的向量场所构成的 Lie 代数. 在 §12 中, 我们定义了从 $D(P)$ 到 $C^\infty(T^*P)$ 内的一个线性映射

$$F: X \longmapsto f_X, \quad X \in D(P).$$

这是从 $D(P)$ 到 E_0 上的一个线性空间同构.

13.8. **引理.** 我们把 $C^\infty(P)$ 等同于 E_{-1}. 则对任意的 $X \in D(P)$ 和任意的 $g \in C^\infty(P)$, 有

$$\{f_X, g\} = Xg.$$

证. 事实上，设 $x_1, \cdots, x_n$, $y_1, \cdots, y_n$ 是由 P 上的局部坐标诱导出的 T^*P 上的局部坐标，并且设

$$x = \sum_{i=1}^{n} a_i \frac{\partial}{\partial x_i},$$

则

$$f_X = \sum_{i=1}^{n} a_i y_i.$$

从而

$$\{f_X, g\} = \sum_{i=1}^{n} a_i \frac{\partial g}{\partial x_i} = Xg.$$

证完.

因为 $\{E_0, E_0\} \subset E_0$，所以 E_0 对于由 Poisson 括号所定义的代数结构是一 Lie 代数.

13.9. **命题.** 从 $D(P)$ 到 E_0 上的同构

$$F: X \longmapsto f_X$$

是一 Lie 代数同构.

证. 事实上，设 $X, Y \in D(P)$, $g \in C^\infty(P)$，则

$$\begin{aligned} &\{\{f_X, f_Y\}, g\} \\ &= \{f_X, \{f_Y, g\}\} - \{f_X, \{f_x, g\}\} \\ &= X(Yg) - Y(Xg) = [X, Y]g = \{f_{[X,Y]}, g\}. \end{aligned}$$

这里，同引理 13.8 一样，我们把 $C^\infty(P)$ 等同于 E_{-1}. 由 F 的定义可知，在局部坐标下有

$$\{f_X, f_Y\} - f_{[X,Y]} = \sum_{i=1}^{n} \xi_i \frac{\partial}{\partial x_i}.$$

因此，由上面的计算可知

$$\{f_X, f_Y\} - f_{[X,Y]}$$

含于 Lie 代数 $C^\infty(T^*P)$ 的中心里，从而它是 T^*P 上的局部常数函数. 又因为它含于 E_0 中，所以它等于 0，也就是说，F 是一 Lie 代数同构. 证完.

设 $X \in D(P)$，我们定义 T^*P 上的一个 Hamilton 向量场 $T^*(X)$ 为

$$T^*(X) = H_{f_X}.$$

根据命题 13.5 和 13.9，映射

$$T^*:\ X \longmapsto T^*(X),\ X \in D(P),$$

是从 Lie 代数 $D(P)$ 到 Lie 代数 S_0 上的一个同构．对任一 $g \in C^\infty(P)$，我们有

$$T^*(X)g = H_{f_X}g = Xg,\ X \in D(P).$$

于是 $T^*(X)$ 是 P 上的一个可投影 (Projectable) 向量场，而且它的投影是 X．我们把向量场 $T^*(X)$ 称为 X 在 T^*P 中的拓展 (prolongement)．根据命题 13.3 的推论 1，对任意的 $X \in D(P)$ 都有

$$\alpha(T^*(X)) = Cf_X = f_X.$$

13.10. **命题．** 设 Y 是 T^*P 上的一个向量场，则 Y 为 P 上某一向量场的拓展的充分必要条件是

(i) $[C, Y] = 0$,

(ii) $\theta(Y)\alpha = 0$.

证．设 Y 是 P 上的向量场 X 的拓展，即有 $Y = T^*(X)$．那么，$Y \in S_0$，从而 $[C, Y] = 0$．又

$$\begin{aligned}\theta(Y)\alpha &= di(Y)\alpha + i(Y)d\alpha \\ &= d(\alpha(Y)) + i(Y)d\alpha \\ &= df_X - i(H_{f_X})\omega = 0.\end{aligned}$$

于是必要性得证．反之，若 Y 是 T^*P 上满足条件 (i) 和 (ii) 的向量场，则有

$$C\alpha(Y) = (\theta(C)\alpha)(Y) + \alpha([C, Y]) = \alpha(Y),$$

所以 $\alpha(Y) \in E_0$．另一方面，因为 $\theta(Y)\alpha = 0$，我们有

$$d\alpha(Y) = i(Y)\omega.$$

于是

$$Y = H_{\alpha(Y)} \in S_0,$$

所以 Y 是 P 上某一向量场的拓展．证完．

例． 设 $x_1, \cdots, x_n$ 是 R^n 上的自然坐标，$x_1, \cdots, x_n, y_1, \cdots, y_n$ 是 T^*R^n 上由 $x_1, \cdots, x_n$ 诱导出的辛坐标．若

$$X = \sum_{i=1}^{n} a_i \frac{\partial}{\partial x_i}$$

是 R^n 上的一个向量场，则它在 T^*R^n 上的拓展是

$$T^*(X)=\sum_{i=1}^{n}\left(a_i\frac{\partial}{\partial x_i}-\sum_{j=1}^{n}y_i\frac{\partial a_i}{\partial x_j}\frac{\partial}{\partial y_j}\right).$$

注．若 $X\in D(P)$，则由 $T^*(X)$ 所产生的任意一个流都是由 T^*P 的辛同构所构成的集合．这些辛同构保持 Liouville 形式不变．若 φ_t 是由 X 所产生的一个流，根据 §12 的讨论可知 $T^*\varphi_t$ 是 T^*P 上由 $T^*(X)$ 产生的一个流．

空间 E_1 和 S_1． E_1 由 T^*P 上这样的函数构成，这些函数在每一纤维 T_x^*P 上的限制是二次齐次多项式．如果对任意的 $x\in P$，$g\in E_1$ 在 T_x^*P 上的限制都是非退化的，则可将它看作 P 上的一个伪 Riemann 度量，并且我们可以用它来定义从余切丛 T^*P 到切丛 TP 上的一个同构如下：设 $\xi\in T^*P$，并设 $\pi_*(\xi)=x$，定义 T_xP 中的元素 g_ξ 为

$$g_\xi\colon\ v\longmapsto g(\xi,v),\ \forall v\in T_x^*P,$$

则映射

$$\varphi\colon\ \xi\longmapsto g_\xi,\quad \forall\xi\in T^*P,$$

就是从 T^*P 到 TP 上的一个同构．若通过同构 φ 把 TP 等同于 T^*P，则 Hamilton 向量场 $\mathrm{Hg}(\in S_1)$ 称为由度量 g 激起的浪花(spray)．P 上的测地线是 Hg 的轨道在 P 上的投影．注意到 $\mathrm{Hg}g=\{g,g\}=0$，可知向量场切于由方程 $g=a(a\in R)$ 所定义的超曲面．

§ 14. 余切丛的 Lagrange 子流形

设 P 是一流形，$\beta\in\Omega^1(P)$．与 §12 一样，我们用 $\bar\beta$ 来表示余切丛上相应于 β 的截面，则 $\bar\beta$ 是从 P 到 T^*P 内的一个浸入．

14.1. **命题．** 浸入

$$\bar\beta\colon\ P\longrightarrow T^*P$$

是一 Lagrange 浸入的充分必要条件是 β 是一个闭 1-形式．

证．事实上，根据命题 12.6 我们有

$$\beta = \bar{\beta}^*(\alpha),$$

所以

$$d\beta = \bar{\beta}^*(d\alpha) = -\bar{\beta}^*(\omega).$$

其中 α 是 T^*P 的 Liouville 形式，因此，浸入 $\bar{\beta}$ 是迷向浸入当且仅当 $d\beta = 0$. 又因为

$$\dim P = \frac{1}{2}\dim T^*P,$$

所以从 P 到 T^*P 内的迷向浸入必是 Lagrange 浸入. 于是 $\bar{\beta}$ 是一 Lagrange 浸入的充分必要条件是 $d\beta = 0$. 证完.

命题 14.1 的一个特殊的情形是，对任一函数 $f \in C^\infty(P)$，都有 T^*P 的一个 Lagrange 子流形与之相对应，即 $\overline{df}$ 的象. 我们把 $\overline{df}$ 的象称为是由 f 生成的 Lagrange 子流形，而称 f 为该子流形的一个母函数 (fonction génératrice).

设 L 是 T^*P 的一个 Lagrange 子流形，ξ 是 L 的一个点使得 $T_\xi L$ 横截于 $T_\xi(T^*P)$ 的垂直向量空间，则映射

$$\pi_*: T^*P \longrightarrow P$$

限制在 L 所得到的映射 $\pi_*|L = \pi_1$ 在点 ξ 的切空间映射 $(\pi_1^T)_\xi$ 是一切空间同构. 于是知道有 ξ 在 L 中的一个开邻域 U 使限制映射 $\pi_1|U$ 是从 U 到 P 的开集 $\pi_*(U)$ 上的一个微分同胚（参看下面的示意图）.

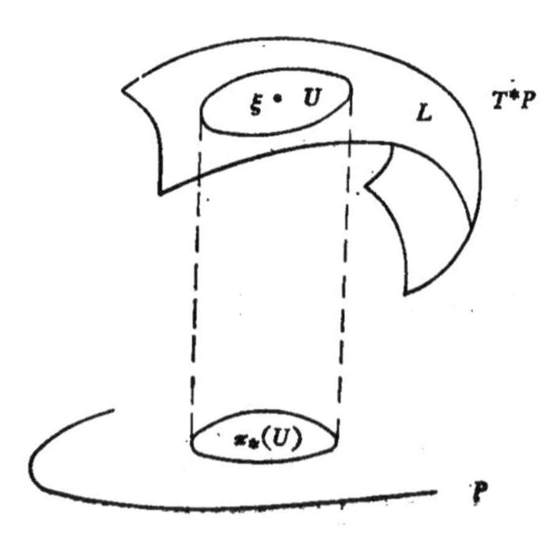

设 β 是 $\pi_*(U)$ 上的一个微分 1-形式使映射 $\bar{\beta}\circ\pi_*$ 为 U 上的单位映射，则 $\bar{\beta}$ 是从 $\pi_*(U)$ 到 U 上的 Lagrange 浸入. 根据命题 14.1，$d\beta=0$. 于是存在点 $\pi_*(\xi)$ 在 P 中的一个开邻域 V 以及函数 $f\in C^\infty(V)$ 使得

$$df=\beta|V.$$

因此，$\overline{df}(V)$ 是 ξ 在 L 中的一个邻域，在这个邻域中，f 是一母函数.

大家自然要问，是不是 T^*P 中任意的 Lagrange 子流形在局部上都可以由一母函数生成？答案是否定的. 在 T^*P 中存在这样的 Lagrange 子流形，它们不是 T^*P 的截面，因而不能，即便是局部地，也不能由某一函数生成. 例如，T^*P 的每一纤维都是 T^*P 的一个 Lagrange 子流形. 事实上，Liouville 形式在每一纤维上的拉回等于零，所以 ω 在每一纤维上的拉回也是零，又每一纤维的维数都是 T^*P 的维数的一半，因而是 Lagrange 子流形. 这些 Lagrange 子流形不能由函数生成.

利用 P 上的一个函数来构造 T^*P 的 Lagrange 子流形的方法可推广如下. 我们不妨假定在 P 上存在整体的坐标 $x_1,\cdots,x_n$，不然，我们可以取 P 的一个坐标邻域来进行讨论. 设 $x_1,\cdots,x_n$，$y_1,\cdots,y_n$ 为 T^*P 上由 $x_1,\cdots,x_n$ 诱导出的辛坐标. 设 s 是一正整数，$a_1,\cdots,a_s$ 是 R^s 上的自然坐标. 我们考虑积流形 $P\times R^s$. 令

$$pr_1:\ P\times R^s\longrightarrow P$$

是投影映射，又设

$$F:\ P\times R^s\longrightarrow R$$

是 $P\times R^s$ 上的一个可微函数. 我们来定义投影 pr_1 的一个提升 (relèvement)

$$\gamma:\ P\times R^s\longrightarrow T^*P$$

使得

$$\pi_*\circ\gamma=pr_1,$$

$$y_i\circ\gamma=\frac{\partial F}{\partial x_i},\quad i=1,\cdots,n,$$

则 γ 是一可微映射.

令 N_F 为 $P\times R^s$ 中由下列方程所定义的点集:

$$\frac{\partial F}{\partial a_1}=\frac{\partial F}{\partial a_2}=\cdots=\frac{\partial F}{\partial a_s}=0.$$

我们假定在 N_F 上恒有

$$d\left(\frac{\partial F}{\partial a_1}\right)\wedge\cdots\wedge d\left(\frac{\partial F}{\partial a_s}\right)\neq 0.$$

于是, N_F 是 $P\times R^s$ 的一个 n 维闭子流形, 而且 γ 在 N_F 上的限制是一浸入. 事实上, 对任意的 $x\in N_F$, $P\times R^s$ 上的一个向量场 X 在点 x 处与 N_F 相切的条件是

$$X_x\left(\frac{\partial F}{\partial a_i}\right)=0,\ i=1,\cdots,s.$$

换句话说, X_x 属于下面 s 个 1-形式的核的交集:

$$d\left(\frac{\partial F}{\partial a_1}\right),\cdots,d\left(\frac{\partial F}{\partial a_s}\right).$$

于是, 根据 γ 的定义, $(\gamma|N_F)_x^T$ 的核是下列 1-形式的核的交集:

$$dx_i,\ d\left(\frac{\partial F}{\partial x_i}\right),\ d\left(\frac{\partial F}{\partial a_j}\right),\ i=1,\cdots,n;\ j=1,\cdots,s.$$

也就是下列 1-形式的核的交集:

$$dx_i,\ \sum_{k=1}^{s}\frac{\partial^2 F}{\partial x_i\ \partial a_k}da_k,\qquad \sum_{k=1}^{s}\frac{\partial^2 F}{\partial a_j\ \partial a_k}da_k,$$
$$i=1,\cdots,n;\ j=1,\cdots,s.$$

因为在 N_F 上

$$d\left(\frac{\partial F}{\partial a_j}\right),\ j=1,\cdots,s,$$

是无关的, 因此下面的 $s\times(n+s)$ 阶矩阵

$$\left(\frac{\partial^2 F}{\partial x_i\ \partial a_k},\ \frac{\partial^2 F}{\partial a_j\ \partial a_k}\right)$$

在 N_F 上的秩恒等于 s. 于是知道 $(\gamma|N_F)^T$ 的核是下列 1-形式的核的交:

$$dx_1,\cdots,dx_n,\ da_1,\cdots,da_s.$$

这就推出 $(\gamma|N_F)^T$ 的核仅含零向量，也即 $\gamma|N_F$ 是一浸入。

另一方面，对 T^*P 的 Liouville 形式

$$\alpha=\sum_{i=1}^{n} y_i\,dx_i,$$

有

$$\gamma^*(\alpha)=\gamma^*\left(\sum_{i=1}^{n} y_i\,dx_i\right)=\sum_{i=1}^{n}\frac{\partial F}{\partial x_i}dx_i.$$

于是 $\gamma^*(\alpha)$ 在 N_F 上的拉回与 dF 在 N_F 上的拉回相同。于是

$$\gamma^*(\omega)|N_F=\gamma^*(-d\alpha)|N_F=-d\gamma^*(\alpha)|N_F=0.$$

所以 γ 在 N_F 上的限制是 N_F 到 T^*P 内的一个 Lagrange 浸入。一般说来，这个浸入不是内射（参看例 2）。如果是内射，则它的象 L 是 T^*P 的 Lagrange 子流形，$\alpha|L$ 是一正合 1-形式。这时，我们也说 F 是 L 的一个母函数。

注。考虑投影

$$pr_1:\ P\times R^s\longrightarrow P$$

在 N_F 上的限制 $pr_1|N_F$。易知 $(pr_1|N_F)^T$ 的核是下列 1-形式的核的交：

$$dx_1,\cdots,dx_n,\ d\left(\frac{\partial F}{\partial a_1}\right),\ \cdots,\ d\left(\frac{\partial F}{\partial a_s}\right).$$

所以它最多是 s 维的。如果我们把 Lagrange 浸入

$$\gamma:\ N_F\longrightarrow T^*P$$

和自然投影

$$\pi_*:\ T^*P\longrightarrow P$$

合起来，则得到一个在任意一点的秩至少是 $n-s$ 的映射。

例 1. 设 $S=n$。设 $p\in P$，p 点的坐标是 $(p_1,\cdots,p_n)$。又设

$$F=\sum_{i=1}^{n}(x_i-p_i)\,a_i,$$

则

$$N_F=\{p\}\times R^n\subset P\times R^n,$$

并且

$$y_i\circ\gamma=a_i,\quad i=1,\cdots,n.$$

也就是说，$\gamma|N_F$ 是从 N_F 到纤维 T_p^*P 上的同构.

例2. 设 $P=R$ 并且设 $s=1$，而

$$F=F(x,a)=\frac{a^3}{3}+(x^2-1)a,$$

则

$$\frac{\partial F}{\partial a}=x^2+a^2-1.$$

于是 N_F 是含于 $P\times R=R^2$ 中的单位圆. 对任意的 $(p,t)\in R^2$，我们有

$$\gamma(p,t)=(p,2pt),$$

并且

$$\gamma(0,1)=\gamma(0,-1)=(0,0).$$

所以映射

$$\gamma: N_F\longrightarrow T^*R$$

不是内射.

我们知道,一般说来，T^*P 的 Lagrange 子流形即使在局部上也不一定能由 $C^\infty(P)$ 的某一函数生成,即在局部上也不一定是某一 $\overline{df}$ 的象,这里 $f\in C^\infty(P)$. 但是，若 L 是 T^*P 的一个闭的 Lagrange 子流形，则在局部上,它可由我们刚才所叙述的方法构造出来. 事实上，设 $\xi\in L$ 是任意的一点. 根据命题 11.3，存在 ξ 在 T^*P 中的一个开邻域 U 和 U 上的辛坐标 $u_1,\cdots,u_n$，$v_1,\cdots,v_n$，使得 $v_1,\cdots,v_n$ 在 $L\cap U$ 上全为 0. 根据引理 11.2，我们可以假定坐标 $u_1,\cdots,u_n$，$v_1,\cdots,v_n$ 有这样的性质，在 U 上任一点处

$$dx_1,\cdots,dx_n,\ du_1,\cdots,du_n$$

都是无关的. 其中 $x_1,\cdots,x_n$ 是 P 上的坐标. 设 $x_1,\cdots,x_n$，$y_1,\cdots,y_n$ 是 P 上由 $x_1,\cdots,x_n$ 诱导出的辛坐标，则因为 $v_1,\cdots,v_n$，$u_1,\cdots,u_n$ 和 $x_1,\cdots,x_n$，$y_1,\cdots,y_n$ (限制在 U 上) 都是 U 上的辛坐标,所以形式

$$\sum_{i=1}^{n}(y_i dx_i-v_i du_i)$$

是 U 上的一个闭形式. 因为任一闭形式在局部上都是正合的，所以我们可以假定存在 T^*P 上的可微函数 F 使在 U 上（必要时可将 U 适当缩小）有

$$dF|U = \sum_{i=1}^{n}(y_i dx_i - v_i du_i).$$

于是在 U 上有

$$\frac{\partial F}{\partial y_i} = -\sum_{j=1}^{n} v_j \frac{\partial u_j}{\partial y_i},\ i = 1,\cdots,n.$$

因为在 $L\cap U$ 上 $v_1,\cdots,v_n$ 全为 0，所以在 $L\cap U$ 上

$$\frac{\partial F}{\partial y_i} = 0,\ i = 1,\cdots,n.$$

又

$$d\left(\frac{\partial F}{\partial y_i}\right) = -\sum_{j=1}^{n}\frac{\partial u_j}{\partial y_i} dv_j - \sum_{j=1}^{n} v_j d\left(\frac{\partial u_j}{\partial y_i}\right),$$

所以在 $L\cap U$ 上有

$$d\left(\frac{\partial F}{\partial y_i}\right) = -\sum_{j=1}^{n}\frac{\partial u_j}{\partial y_i} dv_j,\ i = 1,\cdots,n.$$

但因为

$$dx_1,\cdots,dx_n,\ dy_1,\cdots,dy_n$$

在 U 上无关，所以 $n\times n$ 阶矩阵

$$\left(\frac{\partial u_j}{\partial y_i}\right)$$

在 U 的任意一点处都可逆，所以形式

$$d\left(\frac{\partial F}{\partial y_i}\right),\ i = 1,\cdots,n,$$

在 $L\cap U$ 上是无关的. 利用辛坐标 $x_1,\cdots,x_n,\ y_1,\cdots,y_n$ 把 T^*P 等同于 $P\times R^n$，则构造出来的映射

$$\gamma:\ P\times R^n \longrightarrow T^*P$$

是一 Lagrange 浸入. 又由于在 $L\cap U$ 上有

$$\frac{\partial F}{\partial x_i} = y_i,\ i = 1,\cdots,n,$$

所以映射 γ 在 N_F 的开集 $L\cap U$ 上是单位映射.

正如 Weinstein 在文献[29]中所阐明的那样,通过 $P\times R^s$ 上的一个可微函数来构造 T^*P 的 Lagrange 子流形的方法,是另一具有更为直观的几何意义的构造方法的特殊情形. 下面我们简述一下这一方法,想了解详细论证的读者可参看有关的文献.

设 Q 是一个流形,

$$\varphi:\ Q\longrightarrow P$$

是一子浸入. 设 N 是 T^*Q 中所有具有形式 $\xi\circ\varphi^T$ ($\xi\in T^*P$) 的余切向量所构成的集合,则 N 是 T^*Q 的一个子向量丛. 若 $\dim P=n$ 且 $\dim Q=n+s$,则 $\dim N=2n+s$. 设

$$\mu:\ N\longrightarrow T^*P$$

是一可微映射使得

$$\mu(\eta)\circ\varphi^T=\eta$$

对所有的 $\eta\in N$ 成立,则可以证明:

1) 若 α_P 和 α_Q 分别是 T^*P 和 T^*Q 上的 Liouville 形式,则

$$\alpha_Q|N=\mu^*(\alpha_P).$$

又若 ω_P 和 ω_Q 分别是 T^*P 和 T^*Q 上的辛结构,则有

$$\mu^*(\omega_P)=\omega_Q|N.$$

2) N 对于辛结构 ω_Q 来说,是余迷向的.

设 F 是 Q 上的一个可微函数,L 是 $\overline{dF}$(dF 所对应的 T^*Q 的截面)在 T^*Q 中的象,则 L 是 T^*Q 的一个 Lagrange 子流形. 若 L 和 N 有一"适用交",则可用收缩法在 T^*P 中构造一 Lagrange 子流形(参看 §11). 对任意的 $\eta\in L\cap N$,存在 η 在 $L\cap N$ 中的一个开邻域 V 使 $\mu(V)$ 是 T^*P 的一个 Lagrange 子流形.

第四章　辛 G-空间

在这章里，我们用G来表示一个 Lie 群，即G同时是一抽象群和一实解析流形，并且G的群运算与G的解析结构是相容的. 所谓相容的，意思是指由

$$(x, y) \longmapsto xy^{-1}, \quad x, y \in G,$$

所定义的从$G \times G$到G上的映射是一实解析映射.

定义 1. 设M是一流形，如果可微映射

$$\gamma: G \times M \to M$$

满足下面的两条:

(i) $\gamma(e, x) = x$, $\forall x \in M$, e是G的单位元,

(ii) 若$s_1, s_2 \in G$, 则

$$\gamma(s_1, \gamma(s_2, x)) = \gamma(s_1 s_2, x), \forall x \in M,$$

则我们说G可微地作用在M上.

通常我们把G在M上的作用γ写成乘积的形式

$$\gamma(s, x) = sx, \ s \in G, \ x \in M.$$

若把$T(G \times M)$等同于 $TG \times TM$，则 Lie 群G在M上的可微作用的切空间映射γ^T可以看作是从 $TG \times TM$ 到TM内的可微映射，容易看出，这是群TG在流形TM上的一个作用，我们同样把它写成乘积的形式. 我们把M(或G)等同于TM(或TG)的零截面的象. 在这些假定下，若 $s \in G$, $x \in M$, $a \in T_s G$, $v \in T_x M$，则有

$$sv = \gamma^T(s, v) \in T_{sx} M,$$
$$ax = \gamma^T(a, x) \in T_{sx} M.$$

把G在单位元e处的切空间记为$\mathfrak{g}$，则对任意的$a \in \mathfrak{g}$和$x \in M$，我们有 $a_x \in T_x M$. 映射

$$x \longmapsto ax, \quad x \in M,$$

对固定的 a 是M上的一个向量场，我们把它记为 Γ_a. 特别地，若 $M=G$且

$$\gamma: G\times G\to G$$

就是 Lie 群 G的乘积，则对 $a\in\mathfrak{g}$,

$$\Gamma_a: s\longmapsto as,\quad s\in G,$$

是 G上的一个右不变向量场，我们用专门的记号 R_a 来表示它. 显然，$R_a(e)=a$. 在 $\mathfrak{g}$ 上定义一括号运算 $[\,,]$ 使对任意的 $a, b\in\mathfrak{g}$ 有

$$R_{[a,b]}=[R_a, R_b]\ (=R_aR_b-R_bR_a),$$

则向量空间 $\mathfrak{g}$ 成为一实 Lie 代数，我们称它为 G的 Lie 代数.

定义2. 设M是一流形，G是一 Lie 群，$\mathfrak{h}$ 是任意的一个有限维实 Lie 代数，则

(i) 若 G可微地作用在M上，我们称M为一 G-空间.

(ii) 若存在从 Lie 代数 $\mathfrak{h}$ 到M的向量场 Lie 代数内的一个同态，我们称M为一 $\mathfrak{h}$-空间.

若 $\mathfrak{g}$ 是 G的 Lie 代数，则对任一 G-空间 M，映射

$$\Gamma: a\longmapsto\Gamma_a,\quad a\in\mathfrak{g},$$

是从 $\mathfrak{g}$ 到M的向量场 Lie 代数 $D(M)$ 内的一个同态，从而M是一 $\mathfrak{g}$-空间. 我们把M的这一 $\mathfrak{g}$-空间结构称为伴随 $\mathfrak{g}$-空间结构.

注. 通常我们也从 Lie 群 G上的左不变向量场出发来定义 G 的 Lie 代数，它和由右不变向量场定义的 G 的 Lie 代数没有什么本质的区别.

§15. 定义和例子

15.1. **定义.** 设M是一 G-空间. 若在M上有一在G的作用下不变的辛结构 ω，则我们称M为一辛 G-空间.

根据定义，若辛流形 (M,ω) 是一辛 G-空间，则对任意的 $s\in G$，微分同胚

$$s: x\longmapsto sx,\ x\in M,$$

是(M, ω)的一个辛自同构.

15.2. **定义.** 设$\mathfrak{h}$是一有限维实 Lie 代数，流形M是一$\mathfrak{h}$-空间. 若M上存在辛结构ω使对任意的$a \in \mathfrak{h}$, 向量场

$$\Gamma_a: \ x \longmapsto ax, \ x \in M,$$

都是(M, ω)的辛向量场,则我们称$\mathfrak{h}$-空间M为一辛$\mathfrak{h}$-空间.

设$\mathfrak{g}$是G的 Lie 代数，M是一G-空间，ω是M上的一个辛结构. 因为M是一G-空间，所以M是一$\mathfrak{g}$-空间. 若(M, ω)是一辛G-空间,则它也是一辛$\mathfrak{g}$-空间. 事实上,任取$a \in \mathfrak{g}$, 设

$$F: \ R \to G$$

是相应于a的G的单参数子群，即F是从实数加法 Lie 群R到G内的一个 Lie 群同态. 对任意的$x \in M$, 令

$$\varphi: \ (t, x) \longmapsto F(t)x, \ t \in R,$$

则映射

$$\varphi: \ R \times M \to M$$

满足条件

(i) $\varphi(0, x) = x, \ \forall x \in M$,

(ii) 映射: $t \longmapsto \varphi(t, x), \ t \in R$, 对$\forall x \in M$都是向量场

$$\Gamma_a: \ x \longmapsto ax, \ x \in M,$$

的一条积分曲线.

事实上,对任意的$t \in R$有

$$\Gamma_a: \ \varphi(t, x) = aF(t)x.$$

又因为

$$F: \ R \to G$$

是相应于a的单参数子群,所以

$$\frac{dF(t)}{dt} = aF(t).$$

于是有

$$\frac{d\varphi(t, x)}{dt} = \frac{dF(t)}{dt}x = aF(t)x.$$

于是φ是由Γ_a产生的一个流. 因为ω是G不变的，所以

$\varphi_t^*(\alpha)$ 不依赖于参数 $t\in R$. 根据引理 9.1 得

$$\theta(\Gamma_a)\omega=0.$$

即 Γ_a 对任意的 $a\in\mathfrak{g}$ 都是一辛向量场. 这就证明了 (M,ω) 也是一辛 $\mathfrak{g}$-空间. 反之,若 (M,ω) 是一辛 $\mathfrak{g}$-空间,则在 G 是一连通 Lie 群时,(M,ω) 也是一辛 G-空间.

例 1. 设 P 是 G-空间,并设

$$\gamma:G\times P\to P$$

是相应的作用. 对任意的 $s\in G$,

$$\gamma_s:\ x\to sx,\ x\in P,$$

是 P 的一个微分同胚. 采用 §12 中的记号,映射

$$T^*\gamma_s:\ T^*P\to T^*P$$

满足关系

$$\langle (T^*\gamma_s)(\xi),\ \gamma^T(u)\rangle=\langle\xi,u\rangle,\ \forall\xi\in T_x^*P,\ u\in T_xP.$$

于是映射

$$T^*\gamma:\ (s,\xi)\longmapsto (T^*\gamma_s)(\xi),\ s\in G,\ \xi\in T^*P,$$

定义了 G 在 T^*P 上的一个作用,我们也把它写成乘积的形式

$$T^*\gamma:\ (s,\xi)\longmapsto s\xi,\ s\in G,\ \xi\in T^*P.$$

于是,对任意的 $(\xi,v)\in T^*P\underset{P}{\times}TP$ 和 $s\in G$ 有

$$\langle s\xi,sv\rangle=\langle\xi,v\rangle.$$

所以,上面所定义的 G 在 T^*P 上的作用实际上是唯一满足这一等式的作用. 根据命题 12.8,我们知道 T^*P 上的 Liouville 形式 α_P 在 G 的这一作用下不变. 因此,若 $\omega_P=-d\alpha_P$ 是 T^*P 上的标准辛结构,则 (T^*P,ω_P) 就是一辛 G-空间.

例 2. 设 $\omega=\sum_{i=1}^{n}dx_i\wedge dx_{n+i}$ 是 R^{2n} 上的标准辛结构. 在辛群 $Sp(2n)$ 的自然作用下,辛流形 (R^{2n},ω) 便是一辛 $Sp(2n)$-空间. 同样把 R^{2n} 看作 Lie 群,则在平移变换作用下,(R^{2n},ω) 是一辛 R^{2n}-空间.

若 (M,ω) 是一辛 G-空间,ω 在 G 的每一轨道上的拉回都是一常秩闭 2-形式. 但在一般情形下,该闭形式不一定是轨道上的

辛结构．我们有下面的引理．

15.3. **引理．** 设 (V, ω) 是一实辛向量空间，H 是 $Sp(V, \omega)$ 的一个紧子群，设 V^H 是由 V 中的 H 不动向量所构成的子空间，则 V^H 是 (V, ω) 的一个辛子空间．

证．设 $x_1, \cdots, x_{2n}$ 是 V 的一组辛基，定义 V 的一个线性映射 j 使

$$j(x_i) = x_{n+i}, \qquad i = 1, \cdots, n,$$
$$j(x_{n+i}) = -x_i, \qquad i = 1, \cdots, n.$$

再定义 V 上的一个双线性型 b 如下：

$$b(x_1, x_2) = \omega(x_1, j(x_2)), \quad \forall x_1, x_2 \in V,$$

则 b 是 V 上的一个正定对称双线性型．因为 H 是 $Sp(V, \omega)$ 的一个紧子群，所以由 §5 的结果知 b 在 H 的作用下不变，即对任意的 $s \in H$ 有

$$b(x_1, x_2) = b(sx_1, sx_2), \quad \forall x_1, x_2 \in V.$$

令 F 是 V 中由

$$\{sx - x: s \in H, x \in V\}$$

所张成的子空间．因为 $H \subset Sp(V, \omega)$，所以对任意的 $x, y \in V$ 和 $s \in H$ 有

$$\omega(sx - x, y) = \omega(x, s^{-1}y - y).$$

特别地，若 $y \in V^H$，则有

$$\omega(sx - x, y) = 0.$$

因此，F 是 V^H 在 V 中对于 ω 的正交补．同样，由于 b 在 H 下不变，所以我们也有

$$b(sx - x, y) = b(x, s^{-1}y - y), \quad \forall x, y \in V, s \in H.$$

于是，对于 b 来说，F 也与 V^H 正交．设 V^H 在 V 中对于 b 的正交补是 $(V^H)^\perp$，则

$$(V^H)^\perp = F.$$

于是

$$V^H \cap (V^H)^\perp = V^H \cap F = (0).$$

所以 V^H 是一辛子空间．证完．

15.4. **命题**. 设(M, ω)是一辛G-空间. 若G是一紧 Lie 群,则G不动点集

$$M^G = \{x \in M: sx = x \text{ 对所有 } s \in G\}$$

是(M, ω)的一个辛子流形.

证. 因为G是紧的,所以在M上可定义一个在G的作用下不变的 Riemann 度量g. 对于g,我们可以在TM的零截面的一个开邻域U上定义一个指数映射(参看文献[12])

$$\exp: U \to M.$$

因为g在G的作用下不变,所以对任意的$s \in G$和$v \in U$有

$$\exp(sv) = s(\exp v).$$

设$x \in M^G$, W_x是x在T_xM中的一个开邻域使$W_x \subset U$并且使$\exp$在W_x上的限制是从W_x到$\exp(W_x)$上的一个微分同胚,则

$$M^G \cap \exp(W_x) = \exp((T_xM)^G \cap W_x),$$

这里$(T_xM)^G$是T_xM中的G不动子空间. 于是M^G是M的一个子流形,并且对任意的$x \in M^G$有

$$T_x(M^G) = (T_xM)^G.$$

因为(M, ω)是一G-空间,所以对任意的$s \in G$和$x \in M^G$, T_xM的线性变换

$$v \longmapsto sv, \quad v \in T_xM,$$

是$Sp(T_xM, \omega_x)$的一个元素. 于是由引理 15.3 知

$$T_xM^G = (T_xM)^G$$

是(T_xM, ω_x)的一个辛子空间. 所以M^G是(M, ω)的一个辛子流形. 证完.

§16. Hamilton $\mathfrak{g}$-空间和矩射

下面我们用$\mathfrak{g}$来表示一个有限维实 Lie 代数.

16.1. **定义**. 设(M, ω)是一辛$\mathfrak{g}$-空间,若对任意的$a \in \mathfrak{g}$,向量场

$$\Gamma_a: x \longmapsto ax, \quad x \in M,$$

都是一 Hamilton 向量场，则称 (M, ω) 为一 Hamilton $\mathfrak{g}$-空间.

若 (M, ω) 是一辛流形，则我们有一 Lie 代数正合序列 (9.3)

$$(0) \to H^0(M, R) \to C^\infty(M) \xrightarrow{H} S(M, \omega) \xrightarrow{\rho} H^1(M, R) \to (0),$$

而 M 上的 Hamilton 向量场就是属于 H 的象集的 M 的辛向量场. 因此，辛流形 (M, ω) 上的一个 Hamilton $\mathfrak{g}$-空间结构，实际上是这样一个同态

$$\Gamma: \mathfrak{g} \to S(M, \omega),$$

它满足关系式

$$\rho \circ \Gamma = 0.$$

所以，若 $H^1(M, R) = (0)$，则上式恒成立，(M, ω) 上所有的辛 $\mathfrak{g}$-空间结构都是 Hamilton $\mathfrak{g}$-空间结构. 因为作为 Lie 代数，$H^1(M, R)$ 的括号运算是零运算，所以若 $[\mathfrak{g}, \mathfrak{g}] = \mathfrak{g}$，则从 $\mathfrak{g}$ 到 $H^1(M, R)$ 内的任一 Lie 代数同态都是零同态. 因此，若 $[\mathfrak{g}, \mathfrak{g}] = \mathfrak{g}$，则 (M, ω) 上的所有辛 $\mathfrak{g}$-空间结构也都是 Hamilton $\mathfrak{g}$-空间结构.

设映射

$$\Gamma: \mathfrak{g} \to S(M, \omega)$$

是一 Lie 代数同态，则 Γ 是辛流形 (M, ω) 上的一个 Hamilton $\mathfrak{g}$-空间结构的充要条件也可叙述为：存在从 $\mathfrak{g}$ 到 $C^\infty(M)$ 内的一个线性映射 $\tilde{\Gamma}$ 使

$$\Gamma = H \circ \tilde{\Gamma}.$$

如果 $\tilde{\Gamma}$ 是任意一个从 $\mathfrak{g}$ 到 $C^\infty(M)$ 的线性映射，则我们可以定义从 $C^\infty(M)$ 到 $\mathfrak{g}$ 的对偶空间 $\mathfrak{g}^*$ 内的一个可微映射 μ 如下：对任意的 $a \in \mathfrak{g}$，$\mu(x)$ $(x \in M)$ 在 a 处的值为

$$\langle \mu(x), a \rangle = \tilde{\Gamma}(a)(x).$$

容易看出 $\mu(x)$ 是一意确定的. 于是，我们可以把 $a \in \mathfrak{g}$ 在 $\tilde{\Gamma}$ 下的象看作是下式所定义的 M 上的函数

$$\langle \mu, a \rangle: x \longmapsto \langle \mu(x), a \rangle, \ \forall x \in M.$$

若 Γ 是一 Hamilton $\mathfrak{g}$-空间结构，则有

$$H_{\langle \mu, a \rangle} = \Gamma_a, \ \forall a \in \mathfrak{g}.$$

16.2. **定义.** 设(M, ω)是一 Hamilton $\mathfrak{g}$-空间. 我们把任一满足关系式

$$H_{\langle\mu, a\rangle} = \Gamma_a, \quad \forall a \in \mathfrak{g}$$

的可微映射

$$\mu: M \to \mathfrak{g}^*$$

称为$\mathfrak{g}$-空间(M, ω)的一个**矩射**.

16.3. **引理.** 设

$$\mu: M \to \mathfrak{g}^*$$

是 Hamilton $\mathfrak{g}$-空间(M, ω)的一个矩射,则下面的等式

(i) $d\langle\mu, a\rangle = \langle d\mu, a\rangle = i(\Gamma_a)\omega$,

(ii) $\langle d\mu(ax), b\rangle = \omega(bx, ax)$,

(iii) $\langle d\mu(ax), b\rangle = \{\langle\mu, a\rangle, \langle\mu, b\rangle\}(x)$

对任意的 $a, b \in \mathfrak{g}$ 和 $x \in M$都成立.

证. 由定义有

$$i(\Gamma_a)\omega = i(H_{\langle\mu, a\rangle})\omega = d\langle\mu, a\rangle = \langle d\mu, a\rangle,$$

所以 (i) 成立. 由 (i) 有

$$\langle d\mu(ax), b\rangle = d\langle\mu, b\rangle(ax) = i(\Gamma_b)\omega(ax) = \omega(bx, ax),$$

所以 (ii) 成立. 又根据引理 9.8 有

$$\{\langle\mu, a\rangle, \langle\mu, b\rangle\} = \omega(H_{\langle\mu, b\rangle}, H_{\langle\mu, a\rangle}) = \omega(\Gamma_b, \Gamma_a),$$

所以

$$\{\langle\mu, a\rangle, \langle\mu, b\rangle\}(x) = \omega(bx, ax),$$

于是 (iii) 成立. 证完.

设 μ_1 和 μ_2 是 Hamilton $\mathfrak{g}$-空间(M, ω)上的两个矩射, 则对任意的 $a \in \mathfrak{g}$ 都有

$$\langle d(\mu_1 - \mu_2), a\rangle = 0,$$

所以 $d(\mu_1 - \mu_2) = 0$. 于是 $\mu_1 - \mu_2$ 在局部是常值映射. 所以(M, ω)的矩射之间只差一局部常值映射. 若 μ 是一矩射,而

$$\varphi: M \to \mathfrak{g}^*$$

是一局部常值映射,则因为 $H_{\langle\varphi, a\rangle} = 0$, $\forall a \in \mathfrak{g}$, 所以

$$H_{\langle\mu+\varphi, a\rangle} = H_{\langle\mu, a\rangle} = \Gamma_a, \quad \forall a \in \mathfrak{g}.$$

因此 $\mu+\varphi$ 是一矩射．如果 (M, ω) 是一连通 Hamilton $\mathfrak{g}$-空间，则 (M, ω) 的任意两个矩射只差 $\mathfrak{g}^*$ 的一个平移变换．

16.4 **命题**．设 μ 是 Hamilton $\mathfrak{g}$-空间 (M, ω) 上的一个矩射，则对任意的 $a, b \in \mathfrak{g}$，函数

$$\{\langle\mu, a\rangle, \langle\mu, b\rangle\} - \langle\mu, [a, b]\rangle$$

是 M 上的一个局部常数函数．

证．事实上，根据引理 9.8 得

$$H_{\langle\mu,[a,b]\rangle} = \Gamma_{[a,b]} = [\Gamma_a, \Gamma_b] = [H_{\langle\mu,a\rangle}, H_{\langle\mu,b\rangle}] = H_{\{\langle\mu,a\rangle,\langle\mu,b\rangle\}},$$

所以结论成立．证完．

根据命题 16.4，对 Hamilton $\mathfrak{g}$-空间 (M, ω) 的任意一个矩射 μ，我们可以在 $\mathfrak{g}$ 上定义一个取值于 $H^0(M, R)$ 中的反对称双线性映射 c_μ 如下：

$$c_\mu(a, b) = \{\langle\mu, a\rangle, \langle\mu, b\rangle\} - \langle\mu, [a, b]\rangle, \ \forall a, b \in \mathfrak{g}.$$

因为 Poisson 括号满足 Jacobi 恒等式，所以有

$$c_\mu([a, b], c) + c_\mu([b, c], a) + c_\mu([c, a], b) = 0, \forall a, b, c \in \mathfrak{g}.$$

把 $H^0(M, R)$ 看作一个平凡 $\mathfrak{g}$-模，则上面的等式表明 c_μ 是 $\mathfrak{g}$ 上取值于 $H^0(M, R)$ 中的 2-**闭上链**．若 $\mu' = \mu + \varphi$，$\varphi \in H^0(M, R)$，是 M 的另一矩射，则对任意的 $a, b \in \mathfrak{g}$ 有

$$c_{\mu'}(a, b) = c_\mu(a, b) - \langle\varphi, [a, b]\rangle.$$

这表明 $c_\mu - c_{\mu'}$ 是 $\mathfrak{g}$ 上取值于 $H^0(M, R)$ 中的，由等式

$$f(a) = \langle\varphi, a\rangle, \ \forall a \in \mathfrak{g},$$

所定义的 1-上链的上边缘．于是知道，作为 $H^2(\mathfrak{g}, H^0(M, R))$ 中的一个元素，2-闭上链 c_μ 所对应的上同调类不依赖于 μ 的选取，它由 (M, ω) 的 $\mathfrak{g}$-空间结构决定．我们把它记为

$$\mathfrak{c}(M, \omega).$$

16.5. **定义**．设 (M, ω) 是一辛 $\mathfrak{g}$-空间，若同态

$$\Gamma: \mathfrak{g} \to S(M, \omega)$$

具有形式 $H \circ \tilde{\Gamma}$，其中

$$H: C^\infty(M) \to S(M, \omega)$$

如 (9.3)，而 $\tilde{\Gamma}$ 是从 $\mathfrak{g}$ 到 Lie 代数 $C^\infty(M)$（对于 Poisson 括号）内

的一个同态，则称 (M, ω) 为 Poisson $\mathfrak{g}$-空间，或强 Hamilton $\mathfrak{g}$-空间.

为使一辛 $\mathfrak{g}$-空间 (M, ω) 是 Poisson 的，充分必要条件是存在 (M, ω) 的一个矩射 μ 使 $c_\mu = 0$，也就是 $\mathfrak{c}(M, \omega)$ 是 0.

若 $\mathfrak{g}$ 是一实半单 Lie 代数，则任一辛 $\mathfrak{g}$- 空间都是 Poisson 的. 事实上，这时任一辛 $\mathfrak{g}$-空间都是 Hamilton 的. 根据 Whitehead 第二引理，

$$H^2(\mathfrak{g}, R) = (0)$$

(参看文献[13]). 所以

$$H^2(\mathfrak{g}, H^0(M, R)) = H^2(\mathfrak{g}, R) \otimes H^0(M, R) = (0).$$

于是 $\mathfrak{c}(M, \omega) = 0$.

16.6. **命题.** 设 (M, ω) 是一辛 $\mathfrak{g}$-空间. 若在 M 上存在一微分 1-形式 α 使对任意的 $a \in \mathfrak{g}$ 都有

$$\theta(\Gamma_a)\alpha = 0, \quad \omega = -d\alpha,$$

则 (M, ω) 是一 Poisson $\mathfrak{g}$-空间.

证. 事实上，对任意的 $a \in \mathfrak{g}$ 我们有

$$d(\alpha(\Gamma_a)) = di(\Gamma_a)\alpha = \theta(\Gamma_a) - i(\Gamma_a)d\alpha = i(\Gamma_a)\omega,$$

所以 Γ_a 是一 Hamilton 向量场，并且我们可以把 Γ 写成

$$\Gamma = H \circ \tilde{\Gamma},$$

其中 $\tilde{\Gamma}$ 是满足

$$\tilde{\Gamma}_a = \alpha(\Gamma_a), \quad \forall a \in \mathfrak{g},$$

的从 $\mathfrak{g}$ 到 $C^\infty(M)$ 内的一个线性映射. 因此，利用第二章一开头我们引用的公式，得

$$\begin{aligned}
\tilde{\Gamma}_{[a,b]} &= i(\Gamma_{[a,b]})\alpha \\
&= i([\Gamma_a, \Gamma_b])\alpha \\
&= \theta(\Gamma_a)\, i(\Gamma_b)\alpha - i(\Gamma_b)\, \theta(\Gamma_a)\alpha \\
&= \theta(\Gamma_a)\, \alpha(\Gamma_b) = -\omega(\Gamma_a, \Gamma_b) = \{\tilde{\Gamma}_a, \tilde{\Gamma}_b\}, \quad \forall a, b \in \mathfrak{g},
\end{aligned}$$

所以 $\tilde{\Gamma}$ 是一 Lie 代数同态，因而 (M, ω) 是 Poisson 的. 证完.

推论. 设 P 是一 $\mathfrak{g}$-空间. 记 $T^*(\Gamma_a)$ 为 $\Gamma_a\,(a \in \mathfrak{g})$ 在 T^*P 上的拓展，则映射

$$\Gamma^*: a \longmapsto T^*(\Gamma_a), \ a \in \mathfrak{g},$$

是余切从 T^*P 上的一个 Poisson $\mathfrak{g}$-空间结构。

证。利用命题 13.10 和命题 16.6。证完。

例 1. 取 $\mathfrak{g} = R^2$，$\mathfrak{g}$ 的括号运算定义为零运算，并且利用关系式(x，y 是 R^2 上的自然坐标)

$$\Gamma_{(a,b)} = a\frac{\partial}{\partial x} + b\frac{\partial}{\partial y}, \ a, b \in R,$$

在 $(R^2, dx \wedge dy)$ 上定义一辛 $\mathfrak{g}$-空间结构，则因为

$$\Gamma_{(a,b)} = H_{ay-bx},$$

所以这是 $(R^2, dx \wedge dy)$ 上的一个 Hamilton $\mathfrak{g}$-空间结构。由等式

$$\mu(x, y) = (y, -x)$$

所定义的从 $\mathfrak{g} = R^2$ 到 $\mathfrak{g}^* = R^2$ 内的映射是一矩射。对任意的 (a_1, b_1)，$(a_2, b_2) \in \mathfrak{g}$，我们有

$$\begin{aligned} & c_\mu((a_1, b_1), (a_2, b_2)) \\ & = \{\langle \mu, (a_1, b_1)\rangle, \langle \mu, (a_2, b_2)\rangle\} \\ & = \omega(\Gamma_{(a_2,b_2)}, \Gamma_{(a_1,b_1)}) \\ & = a_2 b_1 - a_1 b_2. \end{aligned}$$

这是因为 $\mathfrak{g}$ 是一交换 Lie 代数。又 c_μ 与矩射的选取无关，故 c_μ 非零。所以 $\mathfrak{g}$-空间 $(R^2, dx \wedge dy)$ 不是 Poisson 的。

例2. 设

$$\underline{\omega} = \sum_{i=1}^{n} dx_i \wedge dx_{n+i}$$

是 R^{2n} 上的标准辛结构，而

$$\omega_0 = \sum_{i=1}^{n} x_i \wedge x_{n+i}$$

是 R^{2n} 上的一个反对称双线性型。

对 R^{2n} 的任一自同态 a，令 Γ_a 为 R^{2n} 上的线性向量场，使对 R^{2n} 上任意的线性型 f 都有

$$\Gamma_a f = f \circ a,$$

则对任意的 $a, b \in \mathrm{End}(R^{2n})$ 和 f 有

$$[\Gamma_a, \Gamma_b]f = \Gamma_a\Gamma_b f - \Gamma_b\Gamma_a f = f\circ b\circ a - f\circ a\circ b$$
$$= \Gamma_{(b\circ a - a\circ b)}f,$$

所以

$$[\Gamma_a, \Gamma_b] = \Gamma_{(b\circ a - a\circ b)}.$$

对 R^{2n} 的任一自同态 a，由 Γ_a 的定义有

$$i(\Gamma_a)\underline{\omega} = \sum_{i=1}^{n}((x_i\circ a)dx_{n+i} - (x_{n+i}\circ a)dx_i).$$

因为

$$di(\Gamma_a)\underline{\omega} = \theta(\Gamma_a)\underline{\omega},$$

所以 $i(\Gamma_a)\underline{\omega}$ 是一闭 1-形式当且仅当 a 属于辛群 $Sp(2n)$ 的 Lie 代数 $sp(2n)$，也就是说，对任意的 $x, y\in R^{2n}$ 有 (参看 §4)

$$\omega_0(a(x), y) + \omega_0(x, a(y)) = 0.$$

因此，映射

$$\Gamma:\ a\longmapsto \Gamma_a,\ a\in sp(2n),$$

是 $(R^{2n}, \underline{\omega})$ 上的一个辛 $sp(2n)$-空间结构. 因为 $sp(2n)$ 是一实半单 Lie 代数，所以 Γ 也是 Hamilton $sp(2n)$-空间和 Poisson $sp(2n)$-空间结构. 设 $e_1,\cdots, e_{2n}$ 是 R^{2n} 的自然坐标，则对任意的 $a\in sp(2n)$ 有

$$i(\Gamma_a)\underline{\omega} = d\left(\sum_{j,k=1}^{2n}\omega_0(a(e_j), e_k)x_jx_k\right).$$

这也直接证明了 $(R^{2n}, \underline{\omega})$ 是一 Hamilton $sp(2n)$-空间. 又我们有一二次矩射

$$\mu:\ R^{2n}\to (sp(2n))^*,$$

使得对任意的 $x\in R$ 有

$$\langle\mu(x), a\rangle = \omega_0(ax, x).$$

例 3. 设 $Q = R^3$ 是 3 维欧氏空间，q_1, q_2, q_3 是 Q 上的自然坐标. 于是在切丛 TQ 上有坐标

$$q_1, q_2, q_3, \dot{q}_1 = dq_1, \dot{q}_2 = dq_2, \dot{q}_3 = dq_3,$$

参看 §9 的例 1. 若我们通过 Riemann 度量 $\sum_i dq_i^2$ 把 TQ 等同于

T^*Q，则 T^*Q 上的 Liouville 形式可写成

$$\alpha_Q = \sum_{i=1}^{3} \dot{q}_i dq_i.$$

在 TQ 上取辛结构 $-md\alpha_Q$，这里 $m \in R$. 令 $gl(3)$ 为 Q 的自同态所构成的 Lie 代数，则我们在 Q 中有一自然的 $gl(3)$- 空间结构. 对任意的 $a \in gl(3)$，我们有

$$\Gamma_a = \sum_{i=1}^{3} (q_i \circ a) \frac{\partial}{\partial q_i}.$$

根据命题 16.6 的推论，对任一 $a \in gl(3)$，在 $T^*Q = TQ$ 中有相应于 Γ_a 的一个拓展 $T^*(\Gamma_a)$，并且可以在 $(TQ, -md\alpha_Q)$ 上定义一Poisson 空间结构使

$$\begin{aligned} & i(T^*(\Gamma_a))(-md\alpha_Q) \\ &= mdi(T^*(\Gamma_a))\alpha_Q \\ &= md\left(\sum_{i=1}^{3} (q_i \circ a)\dot{q}_i\right). \end{aligned}$$

于是我们有一矩射

$$\mu: TQ \to gl(3)^*,$$

它由下式决定

$$\langle \mu, a \rangle = m \sum_{i=1}^{3} (q_i \circ a) \dot{q}_i, \ \forall a \in gl(3).$$

如果我们只考虑 Q 的正交群的 Lie 代数 $so(3)$，即仅限于考虑具有形状

$$\begin{pmatrix} 0 & -a_3 & a_2 \\ a_3 & 0 & -a_1 \\ -a_2 & a_1 & 0 \end{pmatrix}, a_1, a_2, a_3 \in R,$$

的 $gl(3)$ 的元素的集合，则我们在 TQ 上有一 Poisson $so(3)$-空间结构，而且对任意的 $a \in so(3)$ 有

$$\begin{aligned} \langle \mu, a \rangle = m(& a_1(q_2\dot{q}_3 - q_3\dot{q}_2) + a_2(q_3\dot{q}_1 - q_1\dot{q}_3) \\ & + a_3(q_1\dot{q}_2 - q_2\dot{q}_1)). \end{aligned}$$

其中 $a_i(i = 1, 2, 3)$ 的系数就是所谓的**动力矩**分量，这里的动力矩指的是位置和速度都可由 TQ 中的一个点来表示的，质量为 m

的质点关于原点的动力矩。我们所采用的矩射这一术语就来源于这个特殊情形。

例4. 设 $z_j = x_j + ix_{n+j}$，$j = 1, \cdots, n$，是 C^n 的自然坐标，$G = T^n$ 是 $U(n)$ 中由形如

$$\begin{pmatrix} e^{-ia_1} & & & \\ & e^{-ia_2} & & \\ & & \ddots & \\ & & & e^{-ia_n} \end{pmatrix}, \quad a_1, \cdots, a_n \in R,$$

的对角形矩阵所构成的子群，则可以把 G 的 Lie 代数等同于具有零括号运算的 Lie 代数 R^n。对应于 G 在 C^n 上的自然作用，在流形 C^n 上有一伴随 $\mathfrak{g}$-空间结构（$\mathfrak{g} = R^n$ 是 G 的 Lie 代数）。若

$$a = (a_1, \cdots, a_n) \in \mathfrak{g},$$

则有

$$\Gamma_a = \sum_{j=1}^{n} a_j \left(x_{n+j} \frac{\partial}{\partial x_j} - x_j \frac{\partial}{\partial x_{n+j}} \right).$$

在 C^n 上取辛结构

$$\omega = \sum_{j=1}^{n} dx_j \wedge dx_{n+j}.$$

因为 ω 在 $U(n)$ 的作用下不变，从而它在 G 的作用下不变。对任一 $a \in \mathfrak{g}$，我们有

$$i(\Gamma_a)\omega = \sum_{j=1}^{n} a_j (x_j dx_j + x_{n+j} dx_{n+j})$$

$$= \frac{1}{2} d\left(\sum_{j=1}^{n} a_j |z_j|^2 \right).$$

因此 (C^n, ω) 是一 Hamilton $\mathfrak{g}$-空间。若把 $\mathfrak{g}^*$ 也等同于 R^n，则我们有矩射

$$\mu(z) = \frac{1}{2} (|z_1|^2, \cdots, |z_n|^2), \quad z \in C^n.$$

设

$$\alpha = \frac{1}{2} \sum_{j=1}^{n} (x_{n+j} dx_j - x_j dx_{n+j}),$$

则有

$$d\alpha = -\omega,$$

而且

$$i(\Gamma_a)\alpha = \frac{1}{2}\sum_{j=1}^{n} a_j |z_j|^2, \ \forall a \in \mathfrak{g}.$$

于是

$$\theta(\Gamma_a)\alpha = di(\Gamma_a)\alpha - i(\Gamma_a)\omega = 0.$$

根据命题 16.6，(C^n, ω) 是一 Poisson $\mathfrak{g}$-空间。

16.7. **命题**. 设 (M, ω) 是一Hamilton $\mathfrak{g}$-空间，

$$\mu: M \to \mathfrak{g}^*$$

是 (M, ω) 的一个矩射，则对任意的 $x \in M$，$d\mu_x$ 的核是辛向量空间 (T_xM, ω_x) 中子空间

$$\mathfrak{g}x = \{ax: a \in \mathfrak{g}\}$$

的对于 ω_x 的正交补. 为使 μ 在点 x 处是一浸入，充分必要条件是 $\mathfrak{g}x = T_xM$.

证. 根据引理 16.3，对任意的 $a \in \mathfrak{g}$ 和 $v \in T_xM$，有

$$\langle d\mu(v), a\rangle = \omega(ax, v),$$

于是命题成立. 证完.

若 (M, ω) 的一个 $\mathfrak{g}$-空间结构是某一辛 G-空间结构的伴随结构，则空间 $\mathfrak{g}x$ 是点 x 的轨道 $G(x)$ 在 x 处的切空间. 为使 $\mathfrak{g}x = T_xM$，充分与必要条件是点 x 的轨道 $G(x)$ 是 M 的一个开集. 为使点 $x \in M$ 是矩射 μ 的一个平稳点，即要使 $d\mu_x = 0$，充分必要条件是 $\mathfrak{g}x = (0)$. 若 $\mathfrak{g}x = (0)$，则点 x 在 G 的单位连通分枝的作用下不动. 于是矩射在任一由 G 的不动点所构成的 M 的子流形上是常值映射.

16.8 **命题**. 设 (M, ω) 是一 Hamilton $\mathfrak{g}$-空间，

$$\mu: M \to \mathfrak{g}^*$$

是一矩射，则对任意的 $x \in M$，$d\mu_x$ 在 $\mathfrak{g}^*$ 中的象是空间

$$\mathfrak{g}x = \{a \in \mathfrak{g}: ax = 0\}$$

根据对偶在 $\mathfrak{g}^*$ 中的正交补. 为使 μ 在点 x 处为一子浸入，充分与

必要条件是 $\mathfrak{g}x=(0)$.

证. 同命题 16.7 一样,利用

$$\langle d\mu(v), a\rangle = \omega(ax, v)$$

便可证明这个命题. 证完.

若一 $\mathfrak{g}$-空间结构是某一辛 G-空间的附属结构,则 $\mathfrak{g}x$ 是点 x 的迷向子群

$$G_x=\{s\in G:\ sx=x\}$$

的 Lie 代数. 为使 $\mathfrak{g}x=(0)$, 充分与必要条件是 G_x 是 G 的一个离散子群.

注. 设 G 是一紧 Lie 群, (M, ω) 是一连通的 Hamilton G-空间,则 M 所有的使 G 的轨道 $G(x)$ 具有极大维数的点 x 所构成的集合是 M 的一个稠开子集,设为 U. (M, ω) 的任一矩射在 U 上是常秩的,其秩就等于 U 中点的轨道的维数. 若 G 还是可换的,并且在 M 上的作用有效,则对任一 $x\in U$ 有

$$\dim G(x)=\dim G.$$

从而 (M, ω) 的矩射在 U 上的限制是子浸入(比较例 1 和例 4).

如果 G 是一连通的紧交换 Lie 群(即一环面),而且 (M, ω) 是一连通的紧 Hamilton G-空间,则 M 的 G 不动点集 M^G 只有有限个连通分枝,设它们是

$$K_1, \cdots, K_s.$$

若 μ 是 (M, ω) 的一个矩射,则它在每一 K_i 上是常值映射. 可以证明(参看文献 [3], [8], [11]), 这时 μ 的象是点集

$$\mu(K_i),\ i=1, \cdots, s,$$

在 $\mathfrak{g}^*$ 中的凸包络.

§17. 矩射的等价不变性

设 G 是一 Lie 群, $\mathfrak{g}$ 是 G 的 Lie 代数,设 Ad 是 G 通常的在 $\mathfrak{g}$ 上的伴随表示,即

$$Ad(s)a=sas^{-1},\ s\in G,\ a\in\mathfrak{g}.$$

设 ad 是 $\mathfrak{g}$ 在 $\mathfrak{g}$ 上的伴随表示，即

$$ad(a)b = [a, b], \quad a, b \in \mathfrak{g}.$$

我们定义 G 在 $\mathfrak{g}^*$ 中的一个余伴随表示 Ad^* 如下：

$$Ad^*(s) = {}^t Ad(s^{-1}), \quad s \in G.$$

因为 $\mathfrak{g}$ 的括号是用 G 上的右不变向量场的括号来定义的，所以有

$$Ad(\exp a) = \exp(-ad(a)), \quad \forall a \in \mathfrak{g}.$$

其中 exp 表示 G 的指数映射．于是

$$Ad^*(\exp a) = \exp^t(ad(a)), \quad \forall a \in \mathfrak{g}.$$

设 (M, ω) 是一辛 G-空间．若伴随的 $\mathfrak{g}$-空间结构是 Hamilton（或 Poisson）的，则我们称 (M, ω) 为 Hamilton（或 Poisson）G-空间．

若 M 是一 G-空间，对任一 $s \in G$，我们把 M 的微分自同胚

$$x \longmapsto sx, \quad x \in M,$$

记为 s_M．

17.1. **引理．** 设 (M, ω) 是一 Hamilton G-空间且设

$$\mu: M \to \mathfrak{g}^*$$

是一矩射，则对任意的 $s \in G$，映射

$$\mu \circ s_M - Ad^*(s) \circ \mu: M \to \mathfrak{g}^*$$

是一局部常值映射．

证．对任意的 $a \in \mathfrak{g}$ 有

$$\begin{aligned} d\langle Ad^*(s) \circ \mu, a \rangle &= \langle Ad^*(s) d\mu, a \rangle \\ &= \langle d\mu, Ad(s^{-1})a \rangle. \end{aligned}$$

又根据引理 16.3 的 (i)，对任意的 $x \in M$ 和 $v \in T_x M$ 我们有

$$\begin{aligned} &\langle d\mu(v), Ad(s^{-1})a \rangle \\ &= \omega(s^{-1}asx, v) = \omega(asx, sv) \\ &= \langle d\mu(sv), a \rangle = (d\langle \mu \circ s_M, a \rangle)(v). \end{aligned}$$

于是对任意的 $a \in \mathfrak{g}$ 有

$$d\langle Ad^*(s) \circ \mu, a \rangle = \langle d(\mu \circ s_M), a \rangle,$$

因此映射

$$\mu \circ s_M - Ad^*(s) \circ \mu$$

在局部上是常值的. 证完.

17.2. **命题**. 设 (M, ω) 是一连通的 Hamilton G-空间,

$$\mu: M \to \mathfrak{g}^*$$

是 (M, ω) 的一个矩射,则

(i) 对任意的 $s \in G$,

$$\varphi_\mu(s) = \mu(sx) - Ad^*(s)\mu(x)$$

是 $\mathfrak{g}^*$ 中不依赖于点 $x \in M$ 的一个元素.

(ii) 对任意的 $s, t \in G$ 有

$$\varphi_\mu(st) = \varphi_\mu(s) + Ad^*(s)\varphi_\mu(t).$$

(iii) 对任意的 $a, b \in \mathfrak{g}$ 有

$$c_\mu(a, b) = \langle d\varphi_\mu(a), b \rangle,$$

c_μ 的定义见 §16.

证. 因为M是连通的,利用引理 17.1 便可证明 (i). 根据 (i) 得

$$\begin{aligned}\varphi_\mu(st) &= \mu(stx) - Ad^*(st)\mu(x) \\ &= \varphi_\mu(s) + Ad^*(s)\mu(tx) - Ad^*(s)Ad^*(t)\mu(x) \\ &= \varphi_\mu(s) + Ad^*(s)\varphi_\mu(t), \quad \forall s, t \in G,\end{aligned}$$

于是 (ii) 成立. 微分定义 φ_μ 的等式得

$$d\mu(ax) = {}^t ad(a)\mu(x) + d\varphi_\mu(a), \quad x \in M, a \in \mathfrak{g}.$$

从而对任意的 $x \in M$ 和 $a, b \in \mathfrak{g}$ 有

$$\langle d_\mu(ax), b \rangle = \langle \mu(x), [a, b] \rangle + \langle d\varphi_\mu(a), b \rangle.$$

但是根据引理 16.3 有

$$\langle d_\mu(ax), b \rangle = \{\langle \mu, a \rangle, \langle \mu, b \rangle\}(x),$$

因此

$$\begin{aligned}c_\mu(a, b) &= \{\langle \mu, a \rangle, \langle \mu, b \rangle\} - \langle \mu, [a, b] \rangle \\ &= \langle d\varphi_\mu(a), b \rangle, \quad \forall a, b \in \mathfrak{g}.\end{aligned}$$

证完.

推论. 从 $G \times \mathfrak{g}^*$ 到 $\mathfrak{g}^*$ 内的映射

$$(s, \xi) \longmapsto s\xi = Ad^*(s)\xi + \varphi_\mu(s), \quad s \in G, \xi \in \mathfrak{g}^*,$$

是 Lie 群 G 在向量空间 $\mathfrak{g}^*$ 上的一个仿射作用.

对于 $\mathfrak{g}^*$ 的这一 G-空间结构,矩射

$$\mu:\ M \to \mathfrak{g}^*$$

是 G-等价不变的,即

$$\mu(sx) = s\mu(x) = Ad^*(s)\mu(x) + \varphi_\mu(s),\ \forall s \in G, x \in M.$$

证. 设 e 是 G 的单位元,则由定义有

$$\begin{aligned}(e, \xi) \longmapsto e\xi &= Ad^*(e)\xi + \varphi_\mu(e) \\ &= \xi + \mu(x) - \mu(x) = \xi,\ \forall \xi \in \mathfrak{g}^*,\end{aligned}$$

又由等式 (ii) 有

$$\begin{aligned}(s_1s_2)\xi &= Ad^*(s_1s_2)\xi + \varphi_\mu(s_1s_2) \\ &= Ad^*(s_1)Ad^*(s_2)\xi + \varphi_\mu(s_1) + Ad^*(s_1)\varphi_\mu(s_2) \\ &= Ad^*(s_1)(Ad^*(s_2)\xi + \varphi_\mu(s_2)) + \varphi_\mu(s_1) \\ &= s_1(s_2\xi),\ \forall s_1, s_2 \in G, \xi \in \mathfrak{g}^*.\end{aligned}$$

所以推论的前半部分成立. 而后半部分由 φ_μ 的定义便得. 证完.

注. 命题 17.2 表明 φ_μ 是 G 上取值于 $\mathfrak{g}^*$ 中的一个 1-闭上链. 这种用矩射来定义的闭上链是一类特殊的闭上链(参看 §20). 一般说来, G 在 $\mathfrak{g}^*$ 上的一个作用即便其线性部分是 Ad^*,也不一定能由某一矩射得到.

17.3. **命题.** 设 (M, ω) 是一连通的 Hamilton G-空间,则 (M, ω) 是一 Poisson 空间的一个充分条件是存在 (M, ω) 的一个矩射 μ 使得对任意的 $s \in G$ 都有

$$\mu \circ s_M = Ad^*(s) \circ \mu.$$

若 G 是连通的,则该条件也是必要的.

证. 事实上,若存在 M 的矩射 μ 使

$$\mu \circ s_M = Ad^*(s)\mu,\ \forall s \in G,$$

则对任一 $s \in G$ 有

$$\varphi_\mu(s) = 0.$$

于是根据命题 17.2 的 (iii) 得 $c_\mu = 0$. 所以 (M, ω) 是一 Poisson G-空间. 反之,若 (M, ω) 是一 Poisson G-空间,则存在 (M, ω) 的一个矩射 μ 使 $c_\mu = 0$. 根据命题 17.2 的 (iii) 得

$$d\varphi_\mu(a) = 0, \ \forall a \in \mathfrak{g}.$$

又由命题 17.2 的 (ii) 得

$$d\varphi_\mu(sa) = Ad^*(s) d\varphi_\mu(a) = 0$$

对任意的 $s \in G$ 和 $a \in \mathfrak{g}$ 成立，所以 $d\varphi_\mu = 0$. 若 G 连通，则映射 φ_μ 是常值的. 但根据命题 17.2 的 (ii)，若 e 是 G 的单位元，则

$$\varphi_\mu(e) = \varphi_\mu(ee) = \varphi_\mu(e) + Ad^*(e)\varphi_\mu(e) = 2\varphi_\mu(e).$$

所以 $\varphi_\mu(e) = 0$, $\varphi_\mu = 0$. 所以

$$\mu \circ s_M = Ad^*(s) \circ \mu.$$

证完.

注 1. 若 G 是一交换 Lie 群，则对任意的 $s \in G$ 都有

$$Ad^*(s) = id.$$

因此，对任一矩射 μ, φ_μ 都是从 G 到加法群 $\mathfrak{g}^*$ 内的可微同态. 若 G 还是紧连通的（即 G 是一环面），则 $\varphi_\mu = 0$ 且

$$\mu(sx) = \mu(x), \ \forall s \in G, \ x \in M.$$

因为矩射在每一 G 的轨道上是常值的，对任意的 $x \in M$，有

$$\mathfrak{g}x = \{ax: \ a \in \mathfrak{g}\} \subset \operatorname{Ker} d\mu_x.$$

根据命题 16.7 有

$$\operatorname{Ker} d\mu_x = (\mathfrak{g}x)^\perp.$$

所以 G 的轨道是迷向子流形.

注 2. 若 (M, ω) 是一齐性 Hamilton G-空间，也就是说，对 M 的任意的两点 x_1, x_2，存在 G 的一个元素 s 使 $sx_1 = x_2$（G 在 M 上可递），μ 是 M 的一个矩射，则根据命题 16.7，μ 是一浸入. 由命题 17.2 的推论可知，这时映射

$$\mu: \ M \to \mu(M)$$

是 G 在 $\mathfrak{g}^*$ 上的仿射作用（由 μ 定义）的某一轨道的一个覆盖 (revêtement).

注 3. 有关本节的内容请读者参看文献[17]，[23].

第五章 Poisson 流形

§18. Poisson 流形的结构

Schouten-Nijenhuis 括号. 设M是一流形. 记M上的p阶反对称反变可微张量场空间为$D_p(M)$. 于是每一空间$D_p(M)$都是向量丛$\wedge^p TM$的可微截面空间. 我们有

$$D_0(M)=C^\infty(M).$$

在外积$\wedge$所定义的运算下,

$$D_*(M)=\bigoplus_{p\geq 0} D_p(M)$$

是一Z-分级结合代数. 对任意的$u\in D_p(M)$和$v\in D_q(M)$, 外积$\wedge$满足下面的Z_2-交换律:

$$u\wedge v=(-1)^{pq}v\wedge u.$$

我们在$D_*(M)$上定义一个括号$[,]$,即双线性映射

$$[,]:\ D_*(M)\times D_*(M)\to D_*(M),$$

$$[,]:\ (u,v)\longmapsto [u,v],\ u,v\in D_*(M),$$

要求它满足下列条件:

$$(1)\quad [f,g]=0,$$

$$\begin{aligned}(2)\quad & [f,X_1\wedge\cdots\wedge X_p]\\ &=(-1)^p[X_1\wedge\cdots\wedge X_p,f]\\ &=\sum_{i=1}^{p}(-1)^i(X_i\cdot f)X_1\wedge\cdots\hat{X}_i\cdots\wedge X_p,\end{aligned}$$

$$\begin{aligned}(3)\quad & [X_1\wedge\cdots\wedge X_p,Y_1\wedge\cdots\wedge Y_q]\\ &=\sum_{i=1}^{p}\sum_{j=1}^{q}(-1)^{i+j}[X_i,X_j]\wedge X_1\wedge\cdots\hat{X}_i\cdots X_p\wedge Y_1\wedge\cdots\\ &\quad\hat{Y}_j\cdots\wedge Y_q.\end{aligned}$$

其中 $f, g \in D_0(M) = C^\infty(M)$ 和

$$X_1, \cdots, X_p, Y_1, \cdots, Y_q \in D_1(M)$$

都是任意的，符号 $\hat{X}$ 表示把 X 去掉． 这样定义的括号是唯一的，我们把它称为 Schouten-Nijenhuis 括号（参看文献[20]）． 它限制在

$$D_1(M) \times D_1(M)$$

上与通常的向量场括号一样． 若 X 是一向量场且若 $f \in D_0(M)$，则

$$[X, f] = Xf.$$

对任意的整数 $p, q \geqslant 0$，若 $u \in D_p(M)$ 且 $v \in D_q(M)$，则有

$$[u, v] \in D_{p+q-1}(M),$$

而且

$$[u, v] = (-1)^{(p-1)(q-1)}[v, u].$$

对任意的 $u \in D_p(M)$，映射

$$adu: v \longmapsto [u, v], v \in D_*(M),$$

是分级结合代数 $D_*(M)$ 的一个 $p-1$ 阶的 Z_2-导子，即对任意的 $v \in D_q(M)$ 和 $w \in D_*(M)$ 有

$$[u, v \wedge w] = [u, v] \wedge w + (-1)^{(p-1)q} v \wedge [u, w].$$

Schouten-Nijenhuis 括号满足一带变号的 Jacobi 恒等式

$$[u, [v, w]] = [[u, v], w] + (-1)^{(p-1)(q-1)}[v, [u, w]],$$

$$\forall u \in D_p(M), v \in D_q(M), w \in D_*(M).$$

把 $D_*(M)$ 的分级移动一位，即把 $D_p(M)$ 中的元素定义为 $p-1$ 级元素，则在 $D_*(M)$ 上得到一 Lie 超代数结构，它是一 Z-分级代数（参看定义 7.2）．

如果 $u \in D_p(M)$ 且 $f \in D_0(M)$，则

$$-[f, u] = i(df)u.$$

若 $p > 0$，而且对使得 $df_1, \cdots, df_n$ 能生成 1-形式模 $\Omega^1(M)$ 的一组

$$f_1, \cdots, f_n \in C^\infty(M),$$

有

$$[f_i, u] = 0, \ i = 1, \cdots, n,$$

则必有 $u = 0$.

在以后的讨论中，w 恒表示 $D_2(M)$ 中的一个元素，若无特别声明，总假设 w 是取定的.

根据 Schouten-Nijenhuis 括号的性质，对任意的 $f \in C^\infty(M)$ 有

$$H_f: = [f, w] = [w, f],$$

于是映射

$$H: f \longmapsto H_f, \ f \in C^\infty(M),$$

是从 $C^\infty(M)$ 到向量场空间 $D_1(M)$ 内的一个线性映射. 又对任意的 $X \in D_1(M)$ 和 $f \in C^\infty(M)$ 有

(18.1) $[X, H_f] = [X, [f, w]] = [Xf, w] + [f, [X, w]],$

从而有

(18.2) $[X, H_f] = H_{Xf} + [f, [X, w]].$

定义一个双线性映射

$$\{,\}: C^\infty(M) \times C^\infty(M) \to C^\infty(M)$$

为

$$\{f, g\} = H_f g \ (= [[w, f], g]), \ \forall f, g \in C^\infty(M),$$

则对任意的 $f, g, h \in C^\infty(M)$ 有

(18.3) $\{f, gh\} = \{f, g\}h + g\{f, h\}.$

因为对任意的 $f, g \in C^\infty(M)$ 有

$$[f, g] = 0,$$

所以

$$\begin{aligned}\{f, g\} + \{g, f\} &= [H_f, g] - [f, H_g] \\ &= [[w, f], g] - [f, [w, g]] \\ &= [w, [f, g]] = 0.\end{aligned}$$

所以得

(18.4) $\{f, g\} = -\{g, f\}.$

若 X, Y 是M上的两个向量场，则对任意的 $f \in C^\infty(M)$ 和 $\alpha \in \Omega^1(M)$ 有

$$\langle \alpha, [f, X\wedge Y]\rangle = \langle \alpha, [X\wedge Y, f]\rangle$$
$$= \langle \alpha, (Yf)X - (Xf)Y\rangle$$
$$= \langle \alpha\wedge df, X\wedge Y\rangle.$$

所以对任意的 $f\in C^\infty(M)$ 和 $\alpha\in \Omega^1(M)$ 有

(18.5) $\langle \alpha, [f, w]\rangle = \langle \alpha\wedge df, w\rangle.$

因此,对任意的 $f, g\in C^\infty(M)$ 有

$$\{f, g\} = [f, w]g = \langle dg, [f, w]\rangle = \langle dg\wedge df, w\rangle,$$

即

(18.6) $\{f, g\} = \langle dg\wedge df, w\rangle.$

设U是M的坐标邻域，$x_1, \cdots, x_n$ 是U上的坐标．设w在U上的坐标表达式是

$$w = \frac{1}{2}\sum_{i,j=1}^{n} c_{ij}\frac{\partial}{\partial x_i}\wedge\frac{\partial}{\partial x_j}, \quad c_{ij} = -c_{ji},$$

则对任意的 $f, g\in C^\infty(M)$，在U上有

$$H_f = \sum_{i,j=1}^{n} c_{ij}\frac{\partial f}{\partial x_j}\frac{\partial}{\partial x_i},$$

$$\{f, g\} = \sum_{i,j=1}^{n} c_{ij}\frac{\partial f}{\partial x_j}\frac{\partial g}{\partial x_i},$$

并且

$$c_{ij} = \{x_i, x_j\}, \quad i, j = 1, \cdots, n.$$

18.7. 引理．下列条件是等价的:

(i) 对任意的 $f, g, h\in C^\infty(M)$,

$$\{f, \{g, h\}\} + \{g, \{h, f\}\} + \{h, \{f, g\}\} = 0.$$

(ii) 对任意的 $f, g\in C^\infty(M)$,

$$H_{\{f,g\}} = [H_f, H_g].$$

(iii) 对任意的 $f\in C^\infty(M)$,

$$[H_f, w] = 0.$$

(iv) $[w, w] = 0.$

证．直接计算得

$$\{f, \{g, h\}\} + \{g, \{h, f\}\} + \{h, \{f, g\}\}$$

$$= H_f(H_g h) + H_g(-H_f h) - H_{\{f,g\}}h$$
$$= [H_f, H_g]h - H_{\{f,g\}}h.$$

因此 (i) 和 (ii) 等价.

若 $f \in C^\infty(M)$, 则

$$[H_f, w] \in D_2(M).$$

若对任意的 $g \in C^\infty(M)$ 有

$$[g, [H_f, w]] = 0,$$

则必有 $[H_f, w] = 0$. 利用

$$\begin{aligned}[H_f, H_g] - H_{\{f,g\}} &= [H_f, [g, w]] - [H_f g, w] \\ &= [g, [H_f, w]],\end{aligned}$$

便知 (ii) 和 (iii) 等价. 最后,根据等式

$$\begin{aligned}[f, [w, w]] &= [[f, w], w] - [w, [f, w]] \\ &= 2[[f, w], w] = 2[H_f, w],\end{aligned}$$

得 (iii) 和 (iv) 等价. 证完.

注. 设

$$\mathscr{B} \subset C^\infty(M)$$

是一函数组,$\mathscr{B}$中所有函数的微分生成模$\Omega^1(M)$(例如,由M的坐标函数所构成的函数组),则引理 18.7 中的 (i), (ii) 和 (iii) 只要求对$\mathscr{B}$中的函数 f, g, h 成立. 若 $[w, w] = 0$, 则根据 (18.4) 和引理 18.7, 括号$\{,\}$在 $C^\infty(M)$ 上定义了一 Lie 代数结构. 若M是一辛流形,即 $w = \omega$, 等式 (18.3) 表明, 这一括号对 $C^\infty(M)$ 的函数积的作用和 Poisson 括号一样.

18.8. **定义.** 设M是一流形,w是M上的一个反对称反变 2 阶张量,若w满足

$$[w, w] = 0,$$

则称w为M上的一个 Poisson 结构. 若w是M上的一个 Poisson 结构,则称 (M, w) 为 Poisson 流形.

流形M上任一 Poisson 结构w都在 $C^\infty(M)$ 中定义了一个括号$\{,\}_w$. 设 (M_1, w_1) 和 (M_2, w_2) 是两个 Poisson 流形,

$$\varphi: M_1 \to M_2$$

是一可微映射．若对任意的 $f, g \in C^\infty(M_2)$ 都有

$$\varphi^*\{f, g\}_{w_2} = \{\varphi^*(f), \varphi^*(g)\}_{w_1},$$

则 φ 称为从 (M_1, w_1) 到 (M_2, w_2) 内的一个同态．

注．若 w 是流形 M 上的一个 Poisson 结构，则对任意的 $f \in C^\infty(M)$，根据引理 18.7 有

$$[H_f, w] = 0,$$

这个等式说明，M 上由向量场 H_f 所生成的微分同胚流保持张量 w 不变．

§19. Poisson 流形的叶子

设 w 是流形 M 上的一个 Poisson 结构．对任意的 $x \in M$，定义线性映射

$$\gamma_x: T_x^*M \to T_xM,$$

使对任意的 $\xi, \eta \in T_x^*M$ 有

$$\langle \xi, \gamma_x(\eta) \rangle = \langle \xi \wedge \eta, w_x \rangle.$$

把 γ_x 的象记为 L_x，则对任一 $x \in M$，L_x 是 T_xM 的一个维数等于 w_x 的秩的向量子空间．L_x 的维数一般说来依赖于点 x，但总是偶数．我们保留 §18 中的记号．

19.1. **引理**．对任意的 $f \in C^\infty(M)$ 和 $x \in M$，我们有

$$H_f(x) \in L_x.$$

证．事实上，根据 (18.6)，对任意的 $g \in C^\infty(M)$ 有

$$(H_f g)(x) = \{f, g\}(x) = \langle dg \wedge df, w \rangle (x)$$
$$= \langle dg, \gamma_x(df_x) \rangle,$$

所以

$$H_f(x) = \gamma_x(df_x) \in L_x.$$

证完．

若 w 在 M 上秩恒等于 $2p$，则对任意的 $x \in M$，向量空间 L_x 是由所有 $H_f(f \in C^\infty(M))$ 所生成的 TM 的一个可微子丛的纤维．

具体来说，若

$$f_1, \cdots, f_n \in C^\infty(M)$$

在点 $x \in M$ 的某一邻域上是不相关的，则对该邻域里的任意一点 y，L_y 都是由

$$H_{f_i(y)}, \quad i = 1, \cdots, n,$$

所生成的 T_yM 的向量子空间. 因为对任意的 $f, g \in C^\infty(M)$，根据引理 18.7 有

$$[H_f, H_g] = H_{\{f,g\}}.$$

所以该向量子丛，记为 L，是 TM 的一个可积子丛. 因此，M 是 L 的积分叶子的并集，即 M 是这样的子流形 F 的并集，这些 F 满足

$$T_xF = L_x, \ \forall x \in F,$$

并且在包含关系下，它们在 M 的所有满足这个等式的子流形中是极大的 (参看文献[4]).

类似地，在 w 不是常秩的情形，我们也把 M 的任一满足

$$T_xF = L_x, \ \forall x \in F,$$

的极大子流形称为 Poisson 流形 (M, w) 的一片叶子.

19.2. **命题.** 设 F 是 Poisson 流形 (M, w) 的一片叶子，则存在唯一的一个 2-形式 $\omega_F \in \Omega^2(F)$ 使对任意的 $f, g \in C^\infty(M)$ 有

$$\omega_F(H_f|_F, H_g|_F) = \{g, f\}|_F.$$

又 ω_F 是 F 上的一个辛结构，对任意的 $f \in C^\infty(M)$，$H_f|_F$ 是对应于函数 $f|_F$ 的 F 上的 Hamilton 向量场.

证. 对任意的 $x \in F$ 和任意的 $\xi, \eta \in T_x^*M$，由 γ_x 的定义我们有

$$\langle \xi \wedge \eta, w_x \rangle = \langle \xi, \gamma_x(\eta) \rangle = -\langle \eta, \gamma_x(\xi) \rangle.$$

因此，当 ξ 和 η 中至少有一个属于映射

$$\gamma_x: \ T_x^*M \to T_xM$$

的核时，

$$\langle \xi \wedge \eta, w_x \rangle = 0.$$

因为

$$L_x = \gamma_x \ \text{ 的象},$$

所以我们可以在 L_x 上定义一个反对称双线性型 ω_x 如下：对任意的 $u, v\in L_x$，设

$$u=\gamma_x(\xi),\ v=\gamma_x(\eta),\ \xi, \eta\in T_x^*M,$$

则 ω_x 在 (u, v) 的值定义为

$$\omega_x(\gamma_x(\xi),\ \gamma_x(\eta))=\langle\xi\wedge\eta,\ w_x\rangle.$$

显然该值与 ξ, η 的选取无关，只依赖于

$$u=\gamma_x(\xi)\ 和\ v=\gamma_x(\eta).$$

因为对任意的 $x\in F$ 都有

$$L_x=T_xF,$$

所以在 F 上存在唯一的一个微分 2-形式 ω_F 使对任意的 $x\in F$ 有

$$(\omega_F)_x=\omega_x.$$

事实上，根据 (18.6)，对任意的 $f, g\in C^\infty(M)$ 我们有

$$\omega_F(H_f|_F, H_g|_F)=\langle df\wedge dg,\ w\rangle|_F=\{g, f\}|_F.$$

因为 F 上的向量场模由形如 $H_f|_F(f\in C^\infty(M))$ 的向量场所生成，所以上式唯一地确定了 ω_F. 而且该等式表明 ω_F 是一微分形式，即

$$\omega_F\in\Omega^2(F).$$

对任意的 $x\in M$，根据 γ_x 的定义，Ker γ_x 是 T_x^*M 上的双线性型

$$b:\ (\xi, \eta)\longmapsto\langle\xi,\ \eta,\ w_x\rangle,\ \xi, \eta\in T_x^*M,$$

的核. 因此 ω_F 的秩在 F 的任一点 x 处都等于 $\dim F=\dim L_x$.

下面我们证明 ω_F 是一闭微分形式. 任取 $f, g, h\in C^\infty(M)$. 为简化符号，把向量场 H_f, H_g, H_h 在 F 上的限制记为 $\underline{H}_f, \underline{H}_g, \underline{H}_h$. 于是有

$$\begin{aligned}&(\theta(\underline{H}_f)\omega_F)(\underline{H}_g,\ \underline{H}_h)\\&=\underline{H}_f\omega_F(\underline{H}_g,\ \underline{H}_h)-\omega_F([\underline{H}_f,\ \underline{H}_g],\ \underline{H}_h)-\omega_F(\underline{H}_g,\ [\underline{H}_f,\ \underline{H}_h])\\&=\{f, \{h, g\}\}-\{h, \{f, g\}\}-\{\{f, h\}, g\}=0.\end{aligned}$$

所以对任意的 $f\in C^\infty(M)$ 有

$$\theta(\underline{H}_f)\omega_F=0.$$

另一方面，对任意的 $f, g\in C^\infty(M)$ 我们有

$$(i(\underline{H}_f)\omega_F)(\underline{H}_g)=\{g, f\}|_F=(df(H_g))|_F.$$

于是对任意的 $f\in C^\infty(M)$ 有

(19.3) $i(\underline{H}_f)\omega_F = (df)|_F = d(f|_F)$.

因此

$$i(\underline{H}_f)d\omega_F = \theta(\underline{H}_f)\omega_F = 0, \quad \forall f \in C^\infty(M).$$

因为 $\underline{H}_f(f \in C^\infty(M))$ 生成F的向量场模,所以上式表明

$$d\omega_F = 0,$$

即 ω_F 是闭的. 于是我们证明了 ω_F 是叶子F上的一个辛结构. 又等式 (19.3) 说明 $H_f|_F$ 是F上相应于函数 $f|_F$ 的 Hamilton 向量场. 证完.

推论. 对任意的 $f, g \in C^\infty(M)$ 有

$$\{f, g\}|_F = \{f|_F, g|_F\}_F,$$

其中等式左边的括号是M上由w所定义的 Poisson 括号, 而右边的括号是叶子F上由辛结构 ω_F 所定义的 Poisson 括号.

证. 事实上,

$$\begin{aligned}\{f, g\}|_F &= \omega_F(H_f|_F, H_g|_F)\\ &= \omega_F(H_f|_F, H_g|_F)\\ &= \{f|_F, g|_F\}_F.\end{aligned}$$

证完.

若w是流形M上秩恒等于 $\dim M$ 的 Poisson结构,则

$$L = TM,$$

而且M是 Poisson 流形 (M, w) 的唯一的一片叶子,从而 ω_M 是M上的一个辛结构. 由这一辛结构所定义的括号运算同由 Poisson 结构定义的括号运算是一样的. 反之,若ω是流形M上的一个辛结构,则可利用它定义从 TM 到 T^*M 上的一个同构:

$$\varphi: v \longmapsto i(v)\omega, \quad v \in TM.$$

从而导出从 $D_2(M)$ 到 $\Omega^2(M)$ 上的一个同构. 在这一同构下,ω 的逆象是M上的一个秩恒等于 $\dim M$ 的 Poisson 结构 w, w 在叶子M上导出的辛结构与ω重合.

所以, 辛结构是 Poisson 结构的特殊情形. 命题 19.2 的推论表明,对 Poisson 流形 (M, w) 的任一片叶子 F, 恒等内射

$$i: F \to M$$

是一 Poisson 流形同态（在F上取由辛结构ω_F所定义的 Poisson 结构）.

可以证明（参看文献[15]），任一 Poisson 流形都是它的积分叶子的并集.

例. 设 X, Y 是流形M上的两个向量场，并令

$$w = X \wedge Y \in D_2(M).$$

于是

$$[w, w] = [X \wedge Y, X \wedge Y] = X \wedge [Y, X] \wedge Y + Y \wedge [X, Y] \wedge X$$
$$= 2[X, Y] \wedge X \wedge Y.$$

若 $[X, Y] = 0$，则(M, w)是一 Poisson 流形. 此时，对任意的 $f, g \in C^\infty(M)$ 有

$$\{f, g\} = (Yf)(Xg) - (Xf)(Yg),$$

而且

$$H_f = (Yf)X - (Xf)Y.$$

在一般情况下，在M上存在两种类型的叶子：退化为一点的叶子和 2 维叶子. 第一种类型的叶子是M的使

$$(X \wedge Y)_x = 0$$

的点x，第二种类型的叶子构成了M的开集

$$U = \{x \in M: (X \wedge Y)_x \neq 0\}$$

上的一个叶结构.

§20. Lie 代数的对偶上的 Poisson 结构

在这节中，我们记$\mathfrak{g}$为一n维实 Lie 代数，记 $a_1, \cdots, a_n$ 为$\mathfrak{g}$的一组基. 我们把$\mathfrak{g}$等同于它自身的两次对偶$(\mathfrak{g}^*)^*$，于是可把空间$\mathfrak{g}$看成$C^\infty(\mathfrak{g}^*)$的一个子空间，而把 $a_1, \cdots, a_n$ 看作$\mathfrak{g}^*$上的坐标. 令

$$w = -\frac{1}{2}\sum_{i,j=1}^{n}[a_i, a_j]\frac{\partial}{\partial a_i} \wedge \frac{\partial}{\partial a_j}. \tag{20.1}$$

为了避免符号混淆，我们用$[,]_S$表示$D_*(\mathfrak{g}^*)$中的 Schouten-

Nijenhuis 括号，而 $\mathfrak{g}$ 自身的括号仍然用[,]表示.

20.2. **引理.** 由式(20.1)定义的张量 w 是 $\mathfrak{g}^*$ 上的一个 Poisson 结构，而且，对由 w 定义的 $C^\infty(\mathfrak{g}^*)$ 中的 Poisson 括号{,}和任意的 $b, c \in \mathfrak{g}$ 有

$$\{b, c\} = [[w, b]_S, c]_S = [b, c].$$

证. 设

$$\xi_1, \cdots, \xi_n$$

是 $\mathfrak{g}^*$ 的一组对偶于 $a_1, \cdots, a_n$ 的基，则对任意的 $b \in \mathfrak{g}$ 有

$$\frac{\partial}{\partial a_i} b = \langle \xi_i, b \rangle, \ i = 1, \cdots, n.$$

于是有

$$[w, b]_S$$

$$= -\frac{1}{2} \sum_{i,j=1}^{n} \left([a_i, a_j] \langle \xi_j, b \rangle \frac{\partial}{\partial a_i} - [a_i, a_j] \langle \xi_i, b \rangle \frac{\partial}{\partial a_j} \right)$$

$$= \sum_{i=1}^{n} [b, a_i] \frac{\partial}{\partial a_i}.$$

因此对任意的 $b, c \in \mathfrak{g}$,

$$\{b, c\} = [[w, b]_S, c]_S = [b, c].$$

再根据 $\mathfrak{g}$ 中的 Jacobi 恒等式可推出 {,} 也满足 Jacobi 恒等式，由引理 18.7 和它下面的注可知

$$[w, w]_S = 0,$$

所以 w 是 $\mathfrak{g}^*$ 的一个 Poisson 结构. 证完.

我们可以用下面的条件来刻划张量 w(比较(18.6))：对任意的 $b, c \in \mathfrak{g}$ 有

$$\langle db \wedge dc, w \rangle = [c, b].$$

所以 w 不依赖于基 $a_1, \cdots, a_n$ 的选择，我们称它为 $\mathfrak{g}^*$ 上的标准 Poisson 结构.

设 $\mathfrak{g}_1, \mathfrak{g}_2$ 是两个 Lie 代数且设

$$\psi: \mathfrak{g}_1 \to \mathfrak{g}_2$$

是一 Lie 代数同态. 如果我们在 $\mathfrak{g}_1^*$ 和 $\mathfrak{g}_2^*$ 上同取标准 Poisson 结

构，则由

$$\langle \psi(a), \xi \rangle = \langle a, \psi^t(\xi) \rangle, \ \forall a \in \mathfrak{g}_1, \xi \in \mathfrak{g}_2^*,$$

定义的映射

$$\psi^t: \mathfrak{g}_2^* \to \mathfrak{g}_1^*$$

是一 Poisson 流形同态．特别，若 $\mathfrak{g}$ 是 Lie 群 G 的 Lie 代数，则 $\mathfrak{g}^*$ 上的标准 Poisson 结构在 G 的余伴随表示下不变．

20.3. **命题．** 设 $\mathfrak{g}$ 是 Lie 群 G 的 Lie 代数并设 G 连通，则 G 的余伴随表示的全部轨道就是 $\mathfrak{g}^*$ 的标准 Poisson 结构的全部叶子．

证．对任意的 $a, b \in \mathfrak{g}$ 和 $\xi \in \mathfrak{g}^*$，我们有

$$\begin{aligned} & b\,(Ad^*(\exp(ta))\xi) \\ &= \langle \exp^t(ad(ta))\xi, b \rangle \\ &= \langle \xi, b \rangle + t\langle \xi, [a, b] \rangle + t^2(\cdots). \end{aligned}$$

对 $a \in \mathfrak{g}$，设 Γ_a 是 $\mathfrak{g}^*$ 上相应于 a 的，在 G 的余伴随作用下的向量场

$$\Gamma_a: \xi \longmapsto a\xi, \ \xi \in \mathfrak{g}^*,$$

则对任意的 $b \in \mathfrak{g}$ 有(把 b 看作 $\mathfrak{g}^*$ 上的函数)

$$\Gamma_a b = [a, b].$$

但由引理 20.2 有

$$[a, b] = \{a, b\} = H_a b.$$

因此，对任一 $a \in \mathfrak{g}$ 有

$$\Gamma_a = H_a.$$

对任意的 $\xi \in \mathfrak{g}^*$，由形如

$$H_f(\xi), \ f \in C^\infty(\mathfrak{g}^*),$$

的向量构成的线性空间 L_ξ 与所有向量

$$\Gamma_a(\xi), \ a \in \mathfrak{g},$$

构成的线性空间相重合，即重合于轨道 $Ad^*(G)\xi$ 在点 ξ 的切空间．于是推出标准 Poisson 结构的任一片叶子在 $Ad^*(G)$ 的作用下不变，而且对 $Ad^*(G)$ 的任一轨道 θ 和任意的 $\xi \in \theta$ 有

$$T_\xi\theta = L_\xi.$$

由于 G 是连通的，所以 $Ad^*(G)$ 的所有轨道便是所有的叶子．证完．

推论. 设 G 是一连通 Lie 群，则 G 的余伴随表示的任一轨道 F 都具有唯一的一个辛结构 ω_F 使恒等浸入

$$i: F \to \mathfrak{g}^*$$

对于 $\mathfrak{g}^*$ 上的标准 Poisson 结构是一 Poisson 流形同态，又 ω_F 是 G 不变辛结构.

证. 直接应用命题 19.2 和它的推论便可.
证完.

在以下的讨论中，我们把上面推论里的辛结构 ω_F 称为轨道 F 上的标准辛结构.

20.4. **命题.** 设 G 是一连通 Lie 群且设 F 是 G 的余伴随表示的一个轨道. 设 ω_F 是 F 上的标准辛结构，则辛 G-空间 (F, ω_F) 是一 Poisson G-空间，而且恒等浸入

$$\mu: F \to \mathfrak{g}^*$$

是 (F, ω_F) 的一个矩射.

证. 事实上，根据命题 19.2，对任意的 $a \in \mathfrak{g}$，我们有

$$H_{\langle\mu,a\rangle} = H_a|_F = H_a|_F = \Gamma_a|_F.$$

于是对任意的 $\xi \in F$，

$$H_{\langle\mu,a\rangle}(\xi) = \Gamma_a(\xi).$$

这说明 (F, ω_F) 是一 Hamilton G-空间且 μ 是一矩射. 又显然 μ 是 G-等价不变的，所以由命题 17.3 得 (F, ω_F) 是一 Poisson G-空间. 证完.

20.5. **命题.** 设 (M, ω) 是一 Poisson G-空间，且设

$$\mu: M \to \mathfrak{g}^*$$

是 (M, ω) 的一个矩射使对任意的 $s \in G$ 和 $x \in M$ 有

$$\mu(sx) = Ad^*(s)\mu(x),$$

则对于 $\mathfrak{g}^*$ 上的标准 Poisson 结构，μ 是一 Poisson 流形同态.

证. 事实上，由假设 μ 是 G-等价不变的，根据命题 17.2，2 维闭上链 $c_\mu = 0$. 于是对任意的 $a, b \in \mathfrak{g}$ 有

$$\{\mu^*(a), \mu^*(b)\} = \{\langle\mu, a\rangle, \langle\mu, b\rangle\}$$
$$= \langle\mu, [a, b]\rangle = \mu^*[a, b] = \mu^*\{a, b\}.$$

因为 $\mathfrak{g}$ 的一组基可看作 $\mathfrak{g}^*$ 上的一个坐标系，所以由上式有

$$\mu^*\{f, h\} = \{\mu^*(f), \mu^*(h)\}, f, h \in C^\infty(\mathfrak{g}^*).$$

证完.

下面我们要证明，当 (M, ω) 只是一个 Hamilton G-空间而不一定是 Poisson 空间，在把 $\mathfrak{g}^*$ 上的标准 Poisson 结构换为由 G-空间 (M, ω) 所确定的一个 Poisson 结构的条件下，上述结论仍然成立（参看文献[17]，[23]）.

同前面一样，我们用 $a_1, \cdots, a_n$ 来表示 $\mathfrak{g}$ 的一组基. 我们把映射

$$\varphi: \xi \longmapsto \sum_{i=1}^{n} \langle \xi, a_i \rangle \frac{\partial}{\partial a_i}, \xi \in \mathfrak{g}^*,$$

称为从 $\mathfrak{g}^*$ 到 $\mathfrak{g}^*$ 的向量场空间内的一个标准线性映射. 由定义知 φ 在 $\mathfrak{g}^*$ 的平移变换下不变.

映射 φ 可以扩充为从外代数 $\wedge(\mathfrak{g}^*)$ 到 $\mathfrak{g}^*$ 的反对称反变张量代数 $D_*(\mathfrak{g}^*)$ 内的一个标准内射同态，使 $\wedge^p(\mathfrak{g}^*)$ 在这一同态下的象是 $\mathfrak{g}^*$ 上的在平移下不变的 p 阶反对称反变张量场空间. 事实上，若把 $\wedge^p(\mathfrak{g}^*)$ 等同于 $\mathfrak{g}$ 的反对称 p-形式空间 $A^p(\mathfrak{g})$，则 p-形式

$$\beta \in A^p(\mathfrak{g})$$

对应着一个张量场

$$\tilde{\beta} \in D_p(\mathfrak{g}^*),$$

$\tilde{\beta}$ 的坐标表达式是

$$\tilde{\beta} = \frac{1}{p!} \sum_{i_1 \cdots i_p} \beta(a_{i_1}, \cdots, a_{i_p}) \frac{\partial}{\partial a_{i_1}} \wedge \cdots \wedge \frac{\partial}{\partial a_{i_p}},$$

其中指标 $i_1, \cdots, i_p$ 遍取所有整数 $1, \cdots, n$.

对任意的 $\alpha \in A^p(\mathfrak{g})$ 和 $\beta \in A^q(\mathfrak{g})$ 我们有

$$[\tilde{\alpha}, \tilde{\beta}]_S = 0.$$

我们指出，对代数 $A(\mathfrak{g})$ 的 $+1$ 级 Z_2-导子 d 有等式

$$(d\beta)(a, b) = -\beta([a, b]),$$

其中 $\beta \in A^1(\mathfrak{g})$ 和 $a, b \in \mathfrak{g}$ 都是任意的. 事实上，该等式是下面

熟知的等式的直接结果:

$$(d\beta)(a,b)=a\beta(b)-b\beta(a)-\beta([a,b]).$$

d 是 $\mathfrak{g}$ 上取值于 R 中的上链复形的上边缘运算(参看文献[13]).

20.6 **命题**. 对任意的 $p\geqslant 0$ 和 $\beta\in A^p(\mathfrak{g})$ 我们有

$$[w,\tilde{\beta}]_S=-\widetilde{(d\beta)}.$$

其中 w 由 (20.1) 定义.

证. 因为映射

$$\rho:\ u\longmapsto[w,u]_S,\ u\in D_*(\mathfrak{g}^*),$$

是代数 $D_*(\mathfrak{g}^*)$ 的一个 Z_2-导子,而

$$\varphi:\ \beta\longmapsto\tilde{\beta},\ \beta\in A(\mathfrak{g}),$$

是从代数 $A(\mathfrak{g})$ 到 $D_*(\mathfrak{g}^*)$ 内的同态, 所以只需对 $\beta=\xi\in\mathfrak{g}^*$ 来验证等式. 若 $\xi\in\mathfrak{g}^*$, 则有

$$\tilde{\xi}=\sum_{i=1}^{n}\langle\xi,a_i\rangle\frac{\partial}{\partial a_i},$$

$$\begin{aligned}[w,\tilde{\xi}]_S&=-[\tilde{\xi},w]_S\\&=\frac{1}{2}\sum_{i,j=1}^{n}\langle\xi,[a_i,a_j]\rangle\frac{\partial}{\partial a_i}\wedge\frac{\partial}{\partial a_j}\\&=-\frac{1}{2}\sum_{i,j=1}^{n}d\xi(a_i,a_j)\frac{\partial}{\partial a_i}\wedge\frac{\partial}{\partial a_j}\\&=-\widetilde{(d\xi)}.\end{aligned}$$

证完.

注. 我们有

$$2\widetilde{d^2\beta}=2[w,[w,\tilde{\beta}]_S]_S=[[w,w]_S,\tilde{\beta}_S]=0.$$

因此关系式 $d^2=0$ 只是 $[w,w]=0$ 的另一种形式.

推论. 设 $\beta\in A^2(\mathfrak{g})$ 是 $\mathfrak{g}$ 上的一个 2-上链,为使 $w-\tilde{\beta}$ 是 $\mathfrak{g}^*$ 上的一个 Poisson 结构,充分必要条件是 β 是一 2-闭上链,即 $d\beta=0$.

证. 事实上,我们有

$$[w-\tilde{\beta},w-\tilde{\beta}]_S=[w,w]_S-[w,\tilde{\beta}]_S-[\tilde{\beta},w]_S$$

$$= -2[w, \tilde{\beta}]_S$$
$$= 2\widetilde{(d\beta)},$$

所以

$$[w - \tilde{\beta}, w - \tilde{\beta}]_S = 0$$

的充要条件是 $d\beta = 0$. 证完.

于是 $\mathfrak{g}$ 上每一 2-闭上链 β 都对应着 $\mathfrak{g}^*$ 上的一个 Poisson 结构 $w - \tilde{\beta}$, 我们把 $w - \tilde{\beta}$ 在 $C^\infty(\mathfrak{g}^*)$ 中所定义的括号记为$\{,\}_\beta$. 它可以由下式来刻划:

$$\{a, b\}_\beta = [a, b] - [[\tilde{\beta}, a]_S, b]_S$$
$$= [a, b] + \beta(a, b), \ \forall a, b \in \mathfrak{g}.$$

设 G 是一 Lie 群,而 $\mathfrak{g}$ 是 G 的 Lie 代数, β 是 $\mathfrak{g}$ 上的 2-闭上链, 则在一般情形下, Poisson 结构 $w - \tilde{\beta}$ 不一定是在 G 的余伴随表示的作用下不变的. 我们将看到,若 G 是单连通的, 则 $w - \tilde{\beta}$ 在 G 在 $\mathfrak{g}^*$ 上的某一仿射作用下是不变的,该仿射作用的线性部分是 G 的一个余伴随表示.

20.7. **引理.** 设 $\beta \in A^2(\mathfrak{g})$ 是 $\mathfrak{g}$ 上取值于 R 中的 2-闭上链. 定义线性映射

$$\underline{\beta}: \mathfrak{g} \to \mathfrak{g}^*$$

使

$$\langle \underline{\beta}(a), b \rangle = \beta(a, b), \ \forall a, b \in \mathfrak{g}.$$

再利用对偶关系定义 $\mathfrak{g}$ 在 $\mathfrak{g}^*$ 上的表示 ad^* 为

$$-\langle ad^*(a)\xi, b \rangle = \langle \xi, ad(a)b \rangle,$$
$$\forall \xi \in \mathfrak{g}^*, \ \forall a, b \in \mathfrak{g},$$

则对任意的 $a, b \in \mathfrak{g}$ 有

$$ad^*(a)\underline{\beta}(b) - ad^*(b)\underline{\beta}(a) - \underline{\beta}([a, b]) = 0.$$

证. 事实上,根据定义对任意的 $c \in \mathfrak{g}$ 有

$$\langle ad^*(a)\underline{\beta}(b) - ad^*(b)\underline{\beta}(a) - \underline{\beta}([a, b]), c \rangle$$
$$= -\beta(b, [a, c]) + \beta(a, [b, c]) - \beta([a, b], c)$$
$$= (d\beta)(a, b, c) = 0.$$

所以等式成立. 证完.

这个引理表明，若 β 是一2-闭上链，则 $\underline{\beta}$ 是 $\mathfrak{g}$ 上取值于由 ad^* 所定义的 $\mathfrak{g}$ 模 $\mathfrak{g}^*$ 中的 1-闭上链. 注意到对任意的 $a\in\mathfrak{g}$ 有

$$\langle\underline{\beta}(a), a\rangle = 0.$$

一般说来，在 $\mathfrak{g}$ 上存在取值于 $\mathfrak{g}^*$ 中的 1-闭上链不满足这一条件，例如，当 $\mathfrak{g}$ 是一可换 Lie 代数时，$\mathfrak{g}$ 上便存在这样的 1-闭上链.

20.8. **引理.** 设 $\mathfrak{g}$ 是单连通 Lie 群 G 的 Lie 代数，χ 是 $\mathfrak{g}$ 上取值于 $\mathfrak{g}$ 模 $\mathfrak{g}^*$（表示是 ad^*）中的 1-闭上链，则存在唯一的一个可微映射：

$$f: G\rightarrow\mathfrak{g}^*$$

使对任意的 $s, t\in G$ 和 $a\in\mathfrak{g}$ 都有

(i) $f(st) = f(s) + Ad^*(s)f(t)$,

(ii) $df(a) = \chi(a)$.

证. 对任一 $a\in\mathfrak{g}$，令 L_a 为 G 上对应于 a 的左不变向量场

$$L_a: s\longmapsto sa, \ \forall s\in G.$$

设 α 是 G 上一个取值于 $\mathfrak{g}^*$ 中的微分 1-形式使对任意的 $s\in G$ 和任意的 $a\in\mathfrak{g}$ 有

$$\alpha(sa) = Ad^*(s)\chi(a),$$

则我们有

$$\begin{aligned}\alpha(s\exp(ta)b) &= Ad^*(s)Ad^*(\exp(ta))\chi(b)\\ &= Ad^*(s)\chi(b) - tAd^*(s)ad^*(a)\chi(b) + t^2\cdots.\end{aligned}$$

从而在点 $s\in G$ 处，

$$L_a\alpha(L_b) - L_b\alpha(L_a)$$

等于

$$-Ad^*(s)(ad^*(a)\chi(b) - ad^*(b)\chi(a)).$$

因为 χ 是一 1-闭上链，所以我们有

$$\begin{aligned}&L_a\alpha(L_b) - L_b\alpha(L_a)\\ &= -\alpha(L_{[a,b]}) = \alpha([L_a, L_b]).\end{aligned}$$

于是推出

$$\begin{aligned}(d\alpha)(L_a, L_b) &= L_a\alpha(L_b) - L_b\alpha(L_a) - \alpha([L_a, L_b])\\ &= 0.\end{aligned}$$

这一等式对任意的 $a, b \in \mathfrak{g}$ 都成立，所以 $d\alpha = 0$. 又因为G是单连通的，所以存在唯一的一个从G到 $\mathfrak{g}^*$ 内的可微映射 f 使 $df = \alpha$ 且 $f(e) = 0$ (e是G的单位元). 现对任意的 $s \in G$和 $a \in \mathfrak{g}$ 有

$$df(sa) - Ad^*(s)df(a) = \alpha(sa) - Ad^*(s)\alpha(a) = 0.$$

这说明

$$f(st) - f(s) - Ad^*(s)f(t)$$

与 t 无关，又当 $t = e$ 时它等于 0，所以 f 满足条件 (i) 和 (ii). 反之,若 f 满足 (i) 和 (ii), 则

$$df(sa) = Ad^*(s)df(a) = Ad^*(s)\chi(a),$$

且 $f(e) = 0$，由此便导出唯一性. 证完.

20.9. **引理.** 设 $\mathfrak{g}$ 是 Lie 群G的 Lie 代数且设

$$f:\ G \to \mathfrak{g}^*$$

是一可微映射使对任意的 $s, t \in G$ 有

$$f(st) = f(s) + Ad^*(s)f(t),$$

则

(i) 对任意的 $a \in \mathfrak{g}$和 $t \in G$有

$$ad^*(a)f(t) = df(a) - Ad^*(t)df(Ad(t^{-1})a).$$

(ii) 对由关系式

$$s\xi = Ad^*(s)\xi + f(s)$$

所定义的G在 $\mathfrak{g}^*$ 上的仿射作用有

$$\Gamma_a b = [a, b] + \langle df(a), b\rangle,\ \forall a, b \in \mathfrak{g}.$$

证. 将等式

$$f(st) = f(s) + Ad^*(s)f(t)$$

分别对 s 和 t 求微分得

$$df(at) = df(a) - ad^*(a)f(t),$$

$$df(sa) = Ad^*(s)df(a),\ \forall s, t \in G,\ \forall a \in \mathfrak{g}.$$

在第二式中把 s 换为 t，把 a 换为 $Ad(t^{-1})a$ 得

$$df(at) = Ad^*(t)df(Ad(t^{-1})a).$$

再利用第一式便推出 (i).

把 $\mathfrak{g}$ 中的元素看作 $\mathfrak{g}^*$ 上的函数，由等式

$$s\xi = Ad^*(s)\xi + f(s),$$

得

$$b(s\xi) = \langle s\xi, b\rangle = \langle Ad^*(s)\xi + f(s), b\rangle, \ \forall s \in G, \ \xi \in \mathfrak{g}^*.$$

对 s 求微分得

$$\begin{aligned}(\Gamma_a b)(\xi) &= db(a\xi) \\ &= \langle -ad^*(a)\xi + df(a), b\rangle \\ &= \langle \xi, [a, b]\rangle + \langle df(a), b\rangle \\ &= ([a, b])(\xi) + \langle df(a), b\rangle,\end{aligned}$$

对任意的 $\xi \in \mathfrak{g}^*$ 和 $a, b \in \mathfrak{g}$ 成立. (ii) 得证. 证完.

现设 $\mathfrak{g}$ 是单连通 Lie 群 G 的 Lie 代数. 设 β 是 $\mathfrak{g}$ 的取值于 R 中的 2-闭上链, 设 $\underset{\sim}{\beta}$ 为 $\mathfrak{g}$ 上取值于 $\mathfrak{g}^*$ 中的 1-维上链使对任意的 $a, b \in \mathfrak{g}$ 有

$$\langle \underset{\sim}{\beta}(a), b\rangle = \beta(a, b).$$

根据引理 20.8, 存在唯一的一个从 G 到 $\mathfrak{g}^*$ 中的可微映射 f_β, 使对任意的 $s, t \in G$ 和 $a \in \mathfrak{g}$ 有

$$f_\beta(st) = Ad^*(s)f_\beta(t) + f_\beta(s),$$

和

$$df_\beta(a) = \underset{\sim}{\beta}(a).$$

于是可由等式

$$s\xi = Ad^*(s)\xi + f_\beta(s), \ \forall s \in G, \ \xi \in \mathfrak{g}^*$$

来定义 G 在 $\mathfrak{g}^*$ 中的一个仿射作用. 我们称这样定义的 G 在 $\mathfrak{g}^*$ 中的仿射作用为附属于 2-闭上链 β 的作用. 另一方面, 根据命题 20.6 的推论, 我们知道, 由 2-闭上链 β 能决定一张量 $\tilde{\beta} \in D_2(\mathfrak{g}^*)$ 使 $w - \tilde{\beta}$ 是 $\mathfrak{g}^*$ 上的一个 Poisson 结构.

20.10. **命题**. 设 $\mathfrak{g}$ 是 Lie 群 G 的Lie代数且设 β 是 $\mathfrak{g}$ 上取值于 R 中的 2-闭上链. 若 G 是单连通的, 则在 G 在 $\mathfrak{g}^*$ 中的, 附属于 β 的仿射作用下, $\mathfrak{g}^*$ 上的 Poisson 结构 $w - \tilde{\beta}$ 是不变的.

证. 对任意的 $s \in G$, 令

$$s_{\mathfrak{g}^*}: \xi \longmapsto Ad^*(s)\xi + f_\beta(s), \ \forall \xi \in \mathfrak{g}^*$$

为 $\mathfrak{g}^*$ 中相应于 s 的仿射自同构. 记 $\{,\}_\beta$ 为 $C^\infty(\mathfrak{g}^*)$ 中由

Poisson 结构 $w-\tilde{\beta}$ 所定义的括号，则对任意的 $s\in G$ 和 $a\in\mathfrak{g}$ 有

$$s_{\mathfrak{g}}^{*}*(a)=Ad(s^{-1})a+\langle f_\beta(s),a\rangle.$$

在上式中我们已把 $s_{\mathfrak{g}}^{*}*(a)$ 当作 $\mathfrak{g}^*$ 上的函数，并利用了定义（见§17）

$$Ad^*(s)={}^tAd(s^{-1}),\quad s\in G.$$

于是，根据引理 20.8 的 (ii) 有

$$\begin{aligned}&\{s_{\mathfrak{g}}^{*}*(a),\ s_{\mathfrak{g}}^{*}*(b)\}_\beta\\&=\{Ad(s^{-1})a,\ Ad(s^{-1})b\}_\beta\\&=Ad(s^{-1})[a,b]+\beta(Ad(s^{-1})a,Ad(s^{-1})b)\\&=Ad(s^{-1})[a,b]+\langle\underline{\beta}(Ad(s^{-1})a,Ad(s^{-1})b\rangle\\&=Ad(s^{-1})[a,b]+\langle Ad^*(s)df_\beta(Ad(s^{-1})a),b\rangle.\end{aligned}$$

又根据引理 20.9 的 (i) 得

$$Ad^*(s)df_\beta(Ad(s^{-1})a)=df_\beta(a)-ad^*(a)f_\beta(s).$$

因此对任意的 $s\in G$ 和 $a,b\in\mathfrak{g}$ 有

$$\begin{aligned}&\{s_{\mathfrak{g}}^{*}*(a),\ s_{\mathfrak{g}}^{*}*(b)\}_\beta\\&=Ad(s^{-1})[a,b]+\langle df_\beta(a),b\rangle+\langle f_\beta(s),[a,b]\rangle\\&=s_{\mathfrak{g}}^{*}*([a,b])+\langle df_\beta(a),b\rangle\\&=s_{\mathfrak{g}}^{*}*([a,b]+\beta(a,b))\\&=s_{\mathfrak{g}}^{*}*\{a,b\}_\beta.\end{aligned}$$

这就证明了对任意的 $s\in G$，$s_{\mathfrak{g}}*$ 都是 Poisson 流形 $(\mathfrak{g}^*,w-\tilde{\beta})$ 的一个自同构．所以 Poisson 结构 $w-\tilde{\beta}$ 对于 G 在 $\mathfrak{g}^*$ 上的附属于 β 的仿射作用是不变的．证完．

20.11. **命题**．条件与命题 20.10 相同．$\mathfrak{g}^*$ 的由 Poisson 结构 $w-\tilde{\beta}$ 所定义的全部叶子就是 G 的附属于 β 的作用所给出的全部轨道．

证．事实上，根据引理 20.8 我们有

$$\begin{aligned}\Gamma_a b&=[a,b]+\langle df(a),b\rangle\\&=[a,b]+\beta(a,b)\\&=\{a,b\}=H_a b,\quad\forall a,b\in\mathfrak{g}.\end{aligned}$$

这说明

$$\Gamma_a = H_a, \ \forall a \in \mathfrak{g}.$$

余下的证明和命题 20.3 的证明完全一样，证完.

推论. 对于由 G 的附属于 β 的仿射作用所给出的 $\mathfrak{g}^*$ 中的任一轨道 F，都有唯一的一个辛结构 ω_F 使恒等浸入

$$\mu: \ F \to \mathfrak{g}^*$$

对于 $\mathfrak{g}^*$ 上的 Poisson 结构 $w - \tilde{\beta}$ 是一 Poisson 同态. 该辛结构 ω_F 在 G 的作用下不变. 又辛 G-空间 (F, ω_F) 是 Hamilton 的，μ 是一矩射.

证. 证明和 $\beta = 0$ 时的证明类似（命题 20.3 的推论及命题 20.4）. 证完.

设 (M, ω) 是一 Hamilton G-空间，并设

$$\mu: \ M \to \mathfrak{g}^*$$

是矩射. 在 §16 中，我们曾用 μ 定义了 $\mathfrak{g}$ 上取值于 R 中的一个 2-闭上链 c_μ

$$c_\mu(a, b) = \{\langle \mu, a\rangle, \langle \mu, b\rangle\} - \langle \mu, [a, b]\rangle \ \forall a, b \in \mathfrak{g}.$$

20.12. **命题.** 在 $\mathfrak{g}^*$ 上取 Poisson 结构 $w - \tilde{c}_\mu$，则矩射

$$\mu: \ M \to \mathfrak{g}^*$$

是一 Poisson 流形同态（参看文献[15]，[17]）.

证. 事实上，对任意的 $a, b \in \mathfrak{g}$ 我们有

$$\begin{aligned}\{\mu^*(a), \mu^*(b)\} &= \{\langle \mu, a\rangle, \langle \mu, a\rangle\} \\ &= \langle \mu, [a, b]\rangle + c_\mu(a, b) \\ &= \mu^*([a, b] + c_\mu(a, b)) \\ &= \mu^*\{a, b\}_{c_\mu}.\end{aligned}$$

证完.

我们已经知道（§17），若 G 按下面定义的方式作用在 $\mathfrak{g}^*$ 上：对任意的 $s \in G$ 和 $\xi \in \mathfrak{g}^*$，

$$s\xi = Ad^*(s)\xi + \varphi_\mu(s),$$

其中

$$\varphi_\mu(s) = \mu(sx) - Ad^*(s)\mu(x), \ x \in M,$$

则矩射

$$\mu: M \to \mathfrak{g}^*$$

是G-等价不变的. 又根据命题 17.2 我们有

$$c_\mu(a, b) = \langle d\varphi_\mu(a), b \rangle, \ \forall a, b \in \mathfrak{g}.$$

所以

$$d\varphi_\mu = c_\mu.$$

这说明如果G是连通的,则G在 $\mathfrak{g}^*$ 上的仿射作用可由G的单连通覆盖群的附属于闭上链 c_μ 的仿射作用通过作商而得到.

习题 1. 完成命题 20.11 及其推论的证明.

习题 2. 设 $\mathfrak{g}$ 是单连通 Lie 群G的 Lie 代数且设 β 是 $\mathfrak{g}$ 上取值于R中的 2-闭上链.

1) 证明G在 $\mathfrak{g}^*$ 中的附属于 β 的仿射作用的由 $\mathfrak{g}^*$ 的原点给出的轨道 $f_\beta(G)$ 的维数等于 β 的秩.

2) 设 β 的秩等于 $\dim \mathfrak{g}$. 在G上取左不变辛结构 ω 使对任意的 $a, b \in \mathfrak{g}$ 有

$$\omega(a, b) = \beta(a, b).$$

证明 (G, ω) 是一 Hamilton G-空间而且映射

$$f_\beta: G \to \mathfrak{g}^*$$

是 (G, ω) 的一个矩射.

3) 仍假定 β 的秩等于 $\dim \mathfrak{g}$. 定义 $\mathfrak{g}$ 中的乘积

$$(a, b) \longmapsto ab, \ a, b \in \mathfrak{g},$$

使

$$\beta(ab, c) = -\beta(b, [a, c]), \ \forall a, b, c \in \mathfrak{g}.$$

证明对任意的 $a, b, c \in \mathfrak{g}$ 有

$$ab - ba = [a, b],$$

$$a(bc) - b(ac) = (ab)c - (ba)c.$$

即对于这一乘积, $\mathfrak{g}$ 在 Vinberg 的定义下是一"左辛"代数(参看文献[25]).

第六章　一个分级情形

§21. $(0,n)$ 维超流形　(参看文献 [18], [19])

在这节里,我们把辛结构的观念推广到超流形上,下面先给出超流形,或者按 B. Kostant (参看文献 [18])的说法,称为分级流形的定义.

21.1. **定义**. 设 M_0 是一 n_0 维的流形,设 A 是 M_0 上具有下列性质的一个 R-代数簇

(1) 对任意的开集 $U \subset M_0$, $A(U)$ 是一 z_2-分级代数

$$A(U) = A(U)_{\underline{0}} + A(U)_{\underline{1}},$$

其中 $\underline{0}$ 和 $\underline{1}$ 表示 Z_2 中仅有的两个元素;

(2) 簇 A 局部同构于 M_0 上的可微函数簇和看作 Z_2-分级代数的外代数 $\Lambda(R^{n_1})$ $(n_1 \in Z^+)$ 在 R 上所作的张量积;

则我们把 $M = (M_0, A)$ 称为一个 (n_0, n_1) 维的超流形, M_0 称为底空间.

根据定义,当开集 U 充分小时,我们有从 $A(U)$ 到 $C^\infty(U) \oplus \Lambda(R^{n_1})$ 上的一个同构,它将 $A(U)_{\underline{p}}$ $(\underline{p} \in Z_2)$ 映到

$$C^\infty(U) \otimes \sum_{p \equiv \underline{p}\ (\mathrm{mod}\,2)} \wedge^p(R^{n_1})$$

上.

下面我们仅限于讨论底流形 M_0 退缩为一个点 e 的特殊情形,这时 $M=(e, A)$的维数有形式 $(0, n)$. 这样的一个超流形由一个点 e 和一个同构于 $\wedge(R^n)$ 的 Z_2-分级代数 A 构成. 对这种特殊的超流形,所涉及的只是纯代数问题,因此我们可以用任一特征为 0 的域 k 来代替 R 进行讨论.

我们把同构于 $\wedge(k^n)$ 的一个 Z_2-分级 k-代数称为 k 上的秩

为 n 的 Grassman 代数. 因此，一个 Grassman 代数是一维数为 2^n 的 Z_2-交换代数，它可由一组满足

$$x_1 x_2 \cdots x_n \neq 0$$

的 1 级元素 $x_1, \cdots, x_n$ 所生成.

设 $M = (e, A)$ 是一 $(0, n)$ 维超流形. 我们称满足

$$x_1 x_2 \cdots x_n \neq 0$$

的 A_1 中的元素组 $x_1, \cdots, x_n$ 为 M 上的坐标系. 若 $x_1, x_2, \cdots, x_n$ 是 M 上的一个坐标系，则 $x_1, \cdots, x_n$ 生成代数 A. 所以选定一个坐标系相当于给出从 A 到 $\wedge(k^n)$ 上的一个同构. 设 m 是 A 的极大理想，即由 A_1 或 M 上的一个坐标系所生成的理想. 我们把向量空间 m/m^2 称为 M 上的余向量空间，并把它记为 T_e^*M. T_e^*M 是一 n 维空间，它的所有元素都是 1 级的. T_e^*M 的对偶空间

$$T_eM = (m/m^2)^*$$

称为 M 上的向量空间. 设 Der A 是由 A 的 Z_2-导子所构成的左 A-模，则 Der$A$ 的元素称为 M 上的向量场. 对任一 $X \in \mathrm{Der}A$ 和 $a \in A$，记 Xa 为 a 在 X 下的象. 作为 k 上的向量空间，Der$A$ 也是 Z_2-分级的. 若 $p \in Z_2$，则 $(\mathrm{Der}A)_p$ 是 A 中满足

(1) $XA_q \subset A_{p+q}$，$q = 0, 1$，

(2) $X(ab) = (Xa)b + (-1)^{pq}(Xb)$，$\forall a \in A_q$，$\forall b \in A$，

的 k-自同态 X 的集合. 作为 A 上的左模，Der$A$ 是一分级 A-模. 也就是说，对任意的 $p, q \in Z_2$ 有

$$A_p(\mathrm{Der}A)_q \subset (\mathrm{Der}A)_{p+q}.$$

我们在 Der A 上定义一括号[,]如下

$$[X, Y] = X \circ Y - (-1)^{pq} Y \circ X,$$

$$\forall X \in (\mathrm{Der}A)_p, \; Y \in (\mathrm{Der}A)_q,$$

则 Der$A$ 成为 k 上的一个 Lie 超代数（参看 7.5).

设 $x_1, \cdots, x_n$ 是 $M = (e, A)$ 上的坐标系，则对 $i = 1, \cdots, n$，存在唯一的一个 $P_i \in (\mathrm{Der}A)_1$ 使

$$P_i x_j = \delta_{ij}.$$

我们把 P_i 记为 $\frac{\partial}{\partial x_i}$. 于是，$Z_2$-导子

$$\frac{\partial}{\partial x_1}, \cdots, \frac{\partial}{\partial x_n}$$

构成 A-模 $\mathrm{Der}A$ 的一组基，并且对 $i, j = 1, \cdots, n$ 有

$$\left[\frac{\partial}{\partial x_i}, \frac{\partial}{\partial x_j}\right] = \frac{\partial}{\partial x_i}\frac{\partial}{\partial x_j} + \frac{\partial}{\partial x_j}\frac{\partial}{\partial x_i} = 0.$$

设 A 是 k 上的一个 Grassman 代数（在我们的意义下），且设 E 是一 Z_2-分级左 A-模. 因为 A 是 Z_2-交换代数，所以我们可以在 E 上定义一右 A 模结构使

$$xa = (-1)^{pq}ax, \ \forall x \in E_p, \ a \in A_q.$$

于是对任意的 $a, b \in A$ 和 $x \in E$ 有

$$a(xb) = (ax)b.$$

因此，所有 Z_2-分级左 A-模都可定义成 (A, A) 上的双边模.

设 E 是一 Z_2-分级左 A-模，我们用 $\mathrm{Hom}_A(E, A)$ 来表示这样的一个 Z_2-分级 k 向量空间，它里边的 p 级元素是满足下列条件的从 E 到 A 的 k-线性映射 φ:

(1) $\varphi(E_q) \subset A_{p+q}$,

(2) $\varphi(ax) = (-1)^{pq}a\varphi(x), \ \forall q \in Z_2, \ a \in A_q, \ x \in E.$

我们可以在 $\mathrm{Hom}_A(E, A)$ 上定义一 Z_2-分级左 A 模结构使

$$(a\varphi)(x) = a(\varphi(x)), \ \forall a \in A, \ x \in E, \ \varphi \in \mathrm{Hom}_A(E, A).$$

我们称 Z_2-分级 A 模

$$\Omega^1(M) = \mathrm{Hom}_A(\mathrm{Der}A, A)$$

为超流形 $M = (e, A)$ 的微分 1-形式模. 可以证明存在唯一的一个 k-线性映射

$$d: A \to \Omega^1(M)$$

使对任意的 $a \in A_p$ 和任意的 $X \in (\mathrm{Der}A)_q$ 都有

$$(da)(x) = (-1)^{pq}Xa.$$

我们有

$$dA_p \subset \Omega^1(M)_p.$$

又对任意的 $a, b\in A$ 有

$$d(ab)=(da)b+a(db).$$

这里,若 $a\in A_p$ 且 $b\in A_q$, 则记

$$(da)b=(-1)^{pq}b\,(da),$$

可以证明,若 $x_1,\cdots,x_n$ 是M上的坐标系,则 $dx_1,\cdots,dx_n$ 是A模 $\Omega^1(M)$ 的一组基.

现在我们来定义超流形 TM 和 T^*M.若A是一 Grassman 代数,则任一 Z_2-分级左A模都是一双边模,所以对任意的 $p\geqslant 1$,我们可以定义张量幂

$$\overset{p}{\otimes}E=\underbrace{E\otimes E\otimes\cdots\otimes E}_{p\text{ 项}}.$$

把所有 $\overset{p}{\otimes}E$ 的直和记为 $\otimes E$ 并赋予它通常的乘法,则 $\otimes E$ 也称为张量代数. 这是一双分级的代数,它是在 $Z\times Z_2$ 中分级的.级数为 (p, ϱ) 的元素是 $\overset{p}{\otimes}E$ 中由下列形式的元素

$$u_1\otimes u_2\otimes\cdots\otimes u_p$$

其中 $u_i\in E_{\varrho(i)}$ 且

$$\sum_{1\leqslant i\leqslant p}\varrho(i)=\varrho$$

所张成的向量子空间中的元素.

设I是张量代数 $\otimes E$ 中由下列元素生成的双边理想:

$$u\otimes v-(-1)^{\varrho q}v\otimes u,\ u\in E_\varrho,\ v\in E_q.$$

令

$$S(E)=\otimes E/I,$$

则我们称代数 $S(E)$ 是 Z_2-分级的,A模E的对称代数. 由于 $\otimes E$ 是双分级的,所以 $S(E)$ 也是一双分级代数,它既在Z中有一分级,也在 Z_2 中有一分级. 对于 Z_2 分级,它是 Z_2-交换的.

若A是一秩为n的 Grassman 代数,E是一个具有由r个1级(Z_2-分级)元素构成的一组基的自由 Z_2-分级A模,则对称代数 $S(E)$ 对于在 Z_2 中的分级,是一秩为 $n+r$ 的 Grassman 代数. 特别地,$S(\mathrm{Der}A)$ 和 $S(\mathrm{Hom}_A^1(\mathrm{Der}A, A))$ 是两个秩为 $2n$

的 Grassman 代数.

若 $M=(e,A)$ 是一 $(0,n)$ 维的超流形，则我们称超流形 $(e,S(\Omega^1(M)))$ 为M的切超流形并把它记为 TM，而把超流形 $(e,S(\mathrm{Der}A))$称为M的余切超流形并把它记为 T^*M.超流形 TM 和 T^*M 都是 $(0,2n)$ 维的. 标准内射同态

$$A\to S^0(\mathrm{Der}A)\subset S(\mathrm{Der}A)$$

可看作超流形M和 TM 之间的同态,而标准内射

$$A\to S^0(\Omega^1(M))\subset S(\Omega^1(M))$$

可以看作超流形M和 T^*M 之间的同态.

我们现在来定义超流形 $M=(e,A)$ 上的微分形式线丛 (complexe) $\Omega(M)$. 令

$$\Omega^0(M)=A,$$
$$\Omega^1(M)=\mathrm{Hom}_A(\mathrm{Der}A,\ A).$$

对于 $p>1$，定义 $\Omega^p(M)$ 如下:

(1) $\Omega^p(M)$ 是 $\mathrm{Hom}_A(\overset{p}{\otimes}\mathrm{Der}A,\ A)$ 的一个子模,

(2) 对 $1\leqslant i\leqslant p$, 若 $\varphi\in\Omega^p(M)$, 则

$$\varphi(X_1\otimes\cdots\otimes X_i\otimes X_{i+1}\otimes\cdots\otimes X_p)$$
$$=-(-1)^{p_ip_{i+1}}\varphi(X_1\otimes\cdots\otimes X_{i+1}\otimes X_i\otimes\cdots\otimes X_p)$$

对任意的 $X_1,\cdots,X_p\in\mathrm{Der}A$ (X_i, $1\leqslant i\leqslant p$, 的 Z_2 级数是 $\underset{\smile}{p_i}$) 成立. 我们把 $\varphi\in\Omega^p(M)$ 看作从 $(\mathrm{Der}A)^p$ 到A内的映射并记

$$\varphi(X_1\otimes\cdots\otimes X_p)=\varphi(X_1,\cdots,X_p).$$

A模 $\Omega^p(M)$ 是 $\mathrm{Hom}_A(\overset{p}{\otimes}\mathrm{Der}A,\ A)$的一个 Z_2- 分级子模,我们记 $\Omega^p_{\underset{\smile}{p}}(M)$ 为由 $\Omega^p(M)$ 的 Z_2- 级数是 $\underset{\smile}{p}$ 的元素构成的子空间. 于是 $\Omega^p_{\underset{\smile}{p}}(M)$ 中的元素是 $(p,\underset{\smile}{p})$ 级的微分形式.

我们可以在

$$\Omega(M)=\underset{p}{\otimes}\Omega^p(M)$$

中定义一结合乘积

$$(\varphi,\psi)\longmapsto\varphi\wedge\psi,\ \varphi,\psi\in\Omega(M).$$

定义的方法类似于定义两个反对称形式的外积（参看文献 [18],

[21]). 在这一乘积下，$\Omega(M)$ 是一 $Z\times Z_2$- 分级代数，即有

$$\Omega^p_{\underline{p}}(M)\wedge\Omega^q_{\underline{q}}(M)\subset\Omega^{p+q}_{\underline{p}+\underline{q}}(M).$$

若

$$a\in A_p=\Omega^0_{\underline{p}}(M),\ \ \psi\in\Omega^q_{\underline{q}}(M),$$

则我们有

$$a\wedge\psi=(-1)^{\underline{p}\underline{q}}\psi\wedge a=a\psi.$$

若

$$\varphi\in\Omega^p_{\underline{p}}(M),\ \ \psi\in\Omega^q_{\underline{q}}(M),$$

则我们有

$$\varphi\wedge\psi=(-1)^{pq+\underline{p}\underline{q}}\psi\wedge\varphi.$$

设 $x_1,\cdots,x_n$ 是M上的坐标。作为k上的代数，$\Omega(M)$由下列元素生成：

$$x_1,\cdots,x_n\in\Omega^0_{\underline{1}},\ dx_1,\cdots,dx_n\in\Omega^1_{\underline{1}},$$

它们满足下列关系式：

$$x_ix_j+x_jx_i=0,$$
$$x_i\,dx_j+dx_j\,x_i=0,$$
$$dx_i\wedge dx_j-dx_j\wedge dx_i=0.$$

这表明，作为左A模，$\Omega(M)$同构于

$$A\underset{k}{\otimes}k[T_1,\cdots,T_n],$$

其中 $k[T_1,\cdots,T_n]$ 是域k上不定元 $T_1,\cdots,T_n$ 的多项式代数。不难看出，若 $n\neq 0$，则对任意的 $p\geqslant 0$ 有 $\Omega^p(M)\neq(0)$. 若 $\Omega(M)$ 的一个k自同态γ满足

$$\gamma(\Omega^q_{\underline{q}}(M))\subset\Omega^{p+q}_{\underline{p}+\underline{q}}(M),\ \ \forall(q,\underline{q})\in Z\times Z_2,$$

则我们称它为 $\Omega(M)$ 的一个 $(p,\underline{p})$ 级自同态。若一个 $(p,\underline{p})$ 级的自同态γ满足

$$\gamma(\varphi\wedge\psi)=\gamma(\varphi)\wedge\psi+(-1)^{pq+\underline{p}\underline{q}}\varphi\wedge\gamma(\psi),$$
$$\forall\varphi\in\Omega_q(M),\ \ \psi\in\Omega(M),$$

则称其为 $\Omega(M)$ 上的 $Z\times Z_2$ 导子。可以证明 $\Omega(M)$ 中存在唯

一的一个(1, 0)级的 $Z \times Z_2$ 导子 d 使得

(1) $d^2 = 0$,

(2) $(da)(X) = (-1)^{pq} Xa$, $\forall a \in A_p, X \in (\mathrm{Der}A)_q$.

这个导子可以扩充为前面所定义的映射

$$d: A \to \Omega^1(M).$$

由 d 所定义的合成列是零调的,即序列

$$0 \to k \to A = \Omega^0(M) \xrightarrow{d} \Omega^1(M) \xrightarrow{d} \cdots$$

是一正合序列.

§22. (0, n) 维辛超流形

设 $M = (e, A)$ 是一 (0, n) 维超流形, 设微分形式 $\omega \in \Omega_0^2(M)$ 满足下面的条件:

(1) 若 $X \in \mathrm{Der}A$ 使 $\omega(X, Y) = 0$, $\forall Y \in \mathrm{Der}A$, 则 $X = 0$,

(2) $d\omega = 0$,

则我们称 ω 为 M 上的一个辛结构.

设 $X \in (\mathrm{Der}A)_p$, 记 $i(X)$ 为 $\Omega(M)$ 的一个由下式所定义的 $(-1, p)$ 级同态:

$$(i(X)\varphi)(Y_1, \cdots, Y_{q-1}) = (-1)^{pq}\varphi(X, Y_1, \cdots, Y_{q-1}),$$

其中 $\varphi \in \Omega_q(M)$, $Y_1, \cdots, Y_{q-1} \in \mathrm{Der}A$ 均是任意的. 可以证明 $i(X)$ 是一 $(-1, p)$ 级的 $Z \times Z_2$- 导子. 上面的条件 (1) 表明, 对于辛结构 ω, 映射

$$X \longmapsto i(X)\omega, \quad \forall X \in \mathrm{Der}A,$$

是一内射. 因此,若条件 (1) 成立,则映射

$$X \longmapsto i(X)$$

是从 A 模 $\mathrm{Der}A$ 到 A 模 $\Omega^1(M)$ 上的一个同构.

设 ω 是 M 上的一个辛结构,则它在 T_eM 上导出一反对称双线性型 ω_e, 而且根据条件 (1), ω_e 是非退化的.

22.1. **命题.** 设 ω 是 $M = (e, A)$ 上的一个辛结构, 则在 M 上存在坐标系 $x_1, \cdots, x_n$ 以及一个 $n \times n$ 阶的域 k 上的对称矩

阵 (λ_{ij}) 使

$$\omega = \sum_{i,j=1}^{n} \lambda_{ij} dx_i \wedge dx_j.$$

又 $\det(\lambda_{ij}) \neq 0$.

这一结论类似于 Darboux 定理(§8), 是文献 [18] 中定理 5.3 的一个基本的并且是特殊的情形.

我们称 M 上的一个向量场 $X \in \mathrm{Der}A$ 为**辛向量场**, 若它满足 $di(X)\omega = 0$. M 上的辛向量场全体构成 Lie 超代数 $\mathrm{Der}A$ 的一个 Lie 子超代数 S. 可以证明(参看文献[14]), 若 $n \geqslant 4$, 则 S 是一单 Lie 超代数,也就是说, S 和(0)是 S 仅有的两个理想.

对任意的 $a \in A$, 存在唯一的一个 $H_a \in \mathrm{Der}A$ 使

$$i(H_a)\omega = da.$$

H_a 是一辛向量场. 序列

$$(0) \to k \to A \xrightarrow{H} S \to (0)$$

是一正合列.

在 A 上定义一 Poisson 括号如下:

$$\{a, b\} = H_a b, \quad \forall a, b \in A.$$

在这一括号下, A 成为一 Lie 超代数,它的中心是 k. 映射

$$H: a \longmapsto H_a, \quad a \in A,$$

是一 Lie 超代数同态. 对任意的 $a \in A_p$, $b \in A_q$ 和 $c \in A$ 有

$$\{a, bc\} = \{a, b\}c + (-1)^{pq} b\{a, c\}.$$

设 $x_1, \cdots, x_n$ 是 M 上的坐标,使得

$$\omega = \sum_{i=1}^{n} dx_i \wedge dx_j,$$

则对任意的 j 有

$$i\left(\frac{\partial}{\partial x_j}\right)\omega = 2\, dx_j,$$

$$H_{x_i} = \frac{1}{2}\frac{\partial}{\partial_{x_j}}.$$

于是对 $1 \leqslant i, j \leqslant n$ 有

$$\{x_i, x_j\} = \frac{1}{2}\delta_{ij}.$$

T^*P 上的标准辛结构. 设 $P=(e, A)$ 是一 $(0, n)$ 维超流形. 任意的

$$X \in \mathrm{Der}A = S^1(\mathrm{Der}A)$$

都可等同于 Grassman 代数 $S(\mathrm{Der}A)$ 的一个元素. 另一方面,对任意的 $X \in (\mathrm{Der}A)_p$, 存在 $S(\mathrm{Der}A)$ 的唯一的一个 Z_2-分级级数是 p 的 Z_2-导子 $\widetilde{X}$ 使

$$(1)\ \widetilde{X}(a) = Xa,\ \forall a \in A = S^0(\mathrm{Der}A),$$

$$(2)\ \widetilde{X}(Y) = [X, Y],\ \forall Y \in \mathrm{Der}A = S^1(\mathrm{Der}A).$$

导子 $\widetilde{X}$ 对于 Z-分级是零级的. 又因为

$$T^*P = (e, S(\mathrm{Der}A)),$$

所以 $\widetilde{X}$ 是 T^*P 上的一个向量场(即 X 的拓展). 若 $x_1, \cdots, x_n$ 是 P 上的坐标,我们把 $\frac{\partial}{\partial x_i}$ 看作 $S(\mathrm{Der}A)$ 中的元素并令

$$y_i = \frac{\partial}{\partial x_i},\ i = 1, \cdots, n,$$

则 $x_1, \cdots, x_n, y_1, \cdots, y_n$ 是 T^*P 上的坐标且

$$\frac{\tilde{\partial}}{\partial x_i} x_j = \delta_{ij},\ \frac{\tilde{\partial}}{\partial x_i} y_j = 0,\ i, j = 1, \cdots, n.$$

在 T^*P 上存在唯一的一个微分形式

$$\alpha \in \Omega_0^1(T^*P),$$

使对任意的 $X \in \mathrm{Der}A$ 有

$$\alpha(\widetilde{X}) = X.$$

这一形式类似于 Liouville 形式. 在坐标 $x_1, \cdots, x_n, y_1, \cdots, y_n$ 下,我们有

$$\alpha = \sum_{i=1}^{n} y_i dx_i.$$

微分形式

$$\omega = -d\alpha = \sum_{i=1}^{n} -dy_i \wedge dx_i$$

是 T^*P 上的一个标准辛形式。 形式 ω_e 是标准同构于向量空间 $T_eP+(T_eP)^*$ 的向量空间 $T_e(T^*P)$ 上的对偶的中性形式（La forme ω_e est la forme neutre de dualité sur léspace $T_e(T^*P)$ qui est canoniquement isomorphe à $T_eP+(T_eP)^*$）.

参 考 文 献

[1] R. Abraham, J. E. Marsden, Foundations of mechanics, 2nd edition, Benjamin Cummings Reading, 1978.

[2] V. I. Arnold, Mathematical methods of classical mechanics, Nauka, Moscow, 1974.

[3] M. F. Atiyah, Convexity and commuting hamiltonians, *Bull. London Math. Soc.*, **14**, 1—15, 1982.

[4] N. Bourbaki, Variétés différentielles et analytiques, Hermann, Paris, 1971.

[5] C. Chevalley, Theory of Lie groups, Princeton Univ. Press, 1946.

[6] G. Darboux, Sue le probléme de Pfaff, *Bull. des Sc. math.*, 1882.

[7] J. J. Duistermaat, Fourier integral operators, *Courant Inst. of Math. Sci.*, New York, 1973.

[8] ——————, On the momentum map, IUTAM-ISIMM, Symposium on modern developments in analytical mechanics, Torino, 1982.

[9] C. Godbillon, Géometrie différentielle et méchanique analytique, Hermann, Paris, 1969.

[10] V. Guillemin, S. Sternberg, The momentum map and collective motion, *Annals of Physic*, **127**, 220—253, 1980.

[11] ——————, Convexity properties of the momentum mapping, *Invent. Math.*, **67**, 491—513, 1982.

[12] S. Helgason, Differential geometry on symmetric spaces, Academic Press, New York, 1962.

[13] N. Jacobson, Lie algebras, Interscience Publishers, Wiley, New York, 1962.

[14] V. Kac, Lie superalgebras, *Adv. Math.* **26**, 8—96, 1977.

[15] A. A. Kirillov, Local Lie algebras, *Uspekhi Math. Nauk*, **31**, 4, 55—76, 1976.

[16] S. Kobayashi, K. Nomizu, Foundations of differential geometry, interscience publishers, New York, 1969.

[17] B. Kostant, Quantization and unitary representations, Lectures Notes in Math., 170, Springer, Berlin, 1970.

[18] ——————, Graded manifolds, graded Lie theory and prequantization, Lectures Notes in Math., 570, Springer Berlin, 1977.

[19] A. Leites, Introduction to the theory of supermanifolds, *Uspekhi Math. Nauk*, **35**, 1, 3—57, 1980

[20] A. Lichnerowicz, Les variétés de Poisson et leurs algébres de Lie associées, *J. Diff. Geom.*, **12**, 253—300, 1977.

[21] M. Scheunert, The theory of Lie superalgebras, Lectures Notes in Math., 716, Springer, 1979.

[22] C. L. Siegel, Symplectic geometry, *Amer. J. Math.*, 1—86, 1943.
[23] J. M. Souriau, Structures des systemes dynamiques, Dunod Paris, 1969.
[24] W. W. Symes, Hamiltonian group actions and integrable systems, *Physica*, **1**. D, 339—374, 1980.
[25] E. B. Vinberg, The theory of convex homogeneous cones, *Moscow Math. Soc.*, **12**, 1963.
[26] N. R. Wallach, Symplectic geometry and Fourier analysis, Math. Sci. Press, Brookline, Mass, 1977.
[27] A. Weil, Variétés kaehleriennes, Hermann, Paris, 1958.
[28] A. Weinstein, Symplectic manifolds and their Lagrangian submanifolds, *Adv. Math.*, **6**, 329—346, 1971.
[29] ——————, Lectures on symplectic manifolds, C. B. M. S. regional conference series, 29, A. M. S. Rhode Island, 1977.
[30] H. Weyl, Classical groups, Princeton University Press, 1946.
[31] 严志达，半单纯李群李代数表示论，上海科学技术出版社，1963.

名词索引

八　画

九 画

十 画

十一画以上

其 他

记　号

$\boldsymbol{Z}$	整数环
Z^+	非负整数集
R	实数域
C	复数域
Z_2	整数模 2 同余类环
TM	流形M的切丛
T^*M	流形M的余切丛
$C^\infty(M)$	流形M上 C^∞ 实可微函数全体
$\longrightarrow$	集合间的对应
$\longmapsto$	元素间的对应

《现代数学基础丛书》已出版书目

1 数理逻辑基础(上册) 1981.1 胡世华 陆钟万 著
2 数理逻辑基础(下册) 1982.8 胡世华 陆钟万 著
3 紧黎曼曲面引论 1981.3 伍鸿熙 吕以辇 陈志华 著
4 组合论(上册) 1981.10 柯 召 魏万迪 著
5 组合论(下册) 1987.12 魏万迪 著
6 数理统计引论 1981.11 陈希孺 著
7 多元统计分析引论 1982.6 张尧庭 方开泰 著
8 有限群构造(上册) 1982.11 张远达 著
9 有限群构造(下册) 1982.12 张远达 著
10 测度论基础 1983.9 朱成熹 著
11 分析概率论 1984.4 胡迪鹤 著
12 微分方程定性理论 1985.5 张芷芬 丁同仁 黄文灶 董镇喜 著
13 傅里叶积分算子理论及其应用 1985.9 仇庆久 陈恕行 是嘉鸿 刘景麟 蒋鲁敏 编
14 辛几何引论 1986.3 J.柯歇尔 邹异明 著
15 概率论基础和随机过程 1986.6 王寿仁 编著
16 算子代数 1986.6 李炳仁 著
17 线性偏微分算子引论(上册) 1986.8 齐民友 编著
18 线性偏微分算子引论(下册) 1992.1 齐民友 徐超江 编著
19 实用微分几何引论 1986.11 苏步青 华宣积 忻元龙 著
20 微分动力系统原理 1987.2 张筑生 著
21 线性代数群表示导论(上册) 1987.2 曹锡华 王建磐 著
22 模型论基础 1987.8 王世强 著
23 递归论 1987.11 莫绍揆 著
24 拟共形映射及其在黎曼曲面论中的应用 1988.1 李 忠 著
25 代数体函数与常微分方程 1988.2 何育赞 萧修治 著
26 同调代数 1988.2 周伯壎 著
27 近代调和分析方法及其应用 1988.6 韩永生 著
28 带有时滞的动力系统的稳定性 1989.10 秦元勋 刘永清 王 联 郑祖庥 著
29 代数拓扑与示性类 1989.11 [丹麦] I.马德森 著
30 非线性发展方程 1989.12 李大潜 陈韵梅 著

31 仿微分算子引论 1990.2 陈恕行 仇庆久 李成章 编
32 公理集合论导引 1991.1 张锦文 著
33 解析数论基础 1991.2 潘承洞 潘承彪 著
34 二阶椭圆型方程与椭圆型方程组 1991.4 陈亚浙 吴兰成 著
35 黎曼曲面 1991.4 吕以辇 张学莲 著
36 复变函数逼近论 1992.3 沈燮昌 著
37 Banach 代数 1992.11 李炳仁 著
38 随机点过程及其应用 1992.12 邓永录 梁之舜 著
39 丢番图逼近引论 1993.4 朱尧辰 王连祥 著
40 线性整数规划的数学基础 1995.2 马仲蕃 著
41 单复变函数论中的几个论题 1995.8 庄圻泰 杨重骏 何育赞 闻国椿 著
42 复解析动力系统 1995.10 吕以辇 著
43 组合矩阵论(第二版) 2005.1 柳柏濂 著
44 Banach 空间中的非线性逼近理论 1997.5 徐士英 李 冲 杨文善 著
45 实分析导论 1998.2 丁传松 李秉彝 布 伦 著
46 对称性分岔理论基础 1998.3 唐 云 著
47 Gel'fond-Baker 方法在丢番图方程中的应用 1998.10 乐茂华 著
48 随机模型的密度演化方法 1999.6 史定华 著
49 非线性偏微分复方程 1999.6 闻国椿 著
50 复合算子理论 1999.8 徐宪民 著
51 离散鞅及其应用 1999.9 史及民 编著
52 惯性流形与近似惯性流形 2000.1 戴正德 郭柏灵 著
53 数学规划导论 2000.6 徐增堃 著
54 拓扑空间中的反例 2000.6 汪 林 杨富春 编著
55 序半群引论 2001.1 谢祥云 著
56 动力系统的定性与分支理论 2001.2 罗定军 张 祥 董梅芳 著
57 随机分析学基础(第二版) 2001.3 黄志远 著
58 非线性动力系统分析引论 2001.9 盛昭瀚 马军海 著
59 高斯过程的样本轨道性质 2001.11 林正炎 陆传荣 张立新 著
60 光滑映射的奇点理论 2002.1 李养成 著
61 动力系统的周期解与分支理论 2002.4 韩茂安 著
62 神经动力学模型方法和应用 2002.4 阮 炯 顾凡及 蔡志杰 编著
63 同调论——代数拓扑之一 2002.7 沈信耀 著
64 金兹堡-朗道方程 2002.8 郭柏灵 黄海洋 蒋慕容 著

65　排队论基础　2002.10　孙荣恒　李建平　著
66　算子代数上线性映射引论　2002.12　侯晋川　崔建莲　著
67　微分方法中的变分方法　2003.2　陆文端　著
68　周期小波及其应用　2003.3　彭思龙　李登峰　谌秋辉　著
69　集值分析　2003.8　李　雷　吴从炘　著
70　强偏差定理与分析方法　2003.8　刘　文　著
71　椭圆与抛物型方程引论　2003.9　伍卓群　尹景学　王春朋　著
72　有限典型群子空间轨道生成的格(第二版)　2003.10　万哲先　霍元极　著
73　调和分析及其在偏微分方程中的应用(第二版)　2004.3　苗长兴　著
74　稳定性和单纯性理论　2004.6　史念东　著
75　发展方程数值计算方法　2004.6　黄明游　编著
76　传染病动力学的数学建模与研究　2004.8　马知恩　周义仓　王稳地　靳　祯　著
77　模李超代数　2004.9　张永正　刘文德　著
78　巴拿赫空间中算子广义逆理论及其应用　2005.1　王玉文　著
79　巴拿赫空间结构和算子理想　2005.3　钟怀杰　著
80　脉冲微分系统引论　2005.3　傅希林　闫宝强　刘衍胜　著
81　代数学中的 Frobenius 结构　2005.7　汪明义　著
82　生存数据统计分析　2005.12　王启华　著
83　数理逻辑引论与归结原理(第二版)　2006.3　王国俊　著
84　数据包络分析　2006.3　魏权龄　著
85　代数群引论　2006.9　黎景辉　陈志杰　赵春来　著
86　矩阵结合方案　2006.9　王仰贤　霍元极　麻常利　著
87　椭圆曲线公钥密码导引　2006.10　祝跃飞　张亚娟　著
88　椭圆与超椭圆曲线公钥密码的理论与实现　2006.12　王学理　裴定一　著
89　散乱数据拟合的模型、方法和理论　2007.1　吴宗敏　著
90　非线性演化方程的稳定性与分歧　2007.4　马　天　汪宁宏　著
91　正规族理论及其应用　2007.4　顾永兴　庞学诚　方明亮　著
92　组合网络理论　2007.5　徐俊明　著
93　矩阵的半张量积:理论与应用　2007.5　程代展　齐洪胜　著
94　鞅与 Banach 空间几何学　2007.5　刘培德　著
95　非线性常微分方程边值问题　2007.6　葛渭高　著
96　戴维-斯特瓦尔松方程　2007.5　戴正德　蒋慕蓉　李栋龙　著
97　广义哈密顿系统理论及其应用　2007.7　李继彬　赵晓华　刘正荣　著
98　Adams 谱序列和球面稳定同伦群　2007.7　林金坤　著

99 矩阵理论及其应用 2007.8 陈公宁 编著
100 集值随机过程引论 2007.8 张文修 李寿梅 汪振鹏 高 勇 著
101 偏微分方程的调和分析方法 2008.1 苗长兴 张 波 著
102 拓扑动力系统概论 2008.1 叶向东 黄 文 邵 松 著
103 线性微分方程的非线性扰动(第二版) 2008.3 徐登洲 马如云 著
104 数组合地图论(第二版) 2008.3 刘彦佩 著
105 半群的 S-系理论(第二版) 2008.3 刘仲奎 乔虎生 著
106 巴拿赫空间引论(第二版) 2008.4 定光桂 著
107 拓扑空间论(第二版) 2008.4 高国士 著
108 非经典数理逻辑与近似推理(第二版) 2008.5 王国俊 著
109 非参数蒙特卡罗检验及其应用 2008.8 朱力行 许王莉 著
110 Camassa-Holm 方程 2008.8 郭柏灵 田立新 杨灵娥 殷朝阳 著
111 环与代数(第二版) 2009.1 刘绍学 郭晋云 朱 彬 韩 阳 著
112 泛函微分方程的相空间理论及应用 2009.4 王 克 范 猛 著
113 概率论基础(第二版) 2009.8 严士健 王隽骧 刘秀芳 著
114 自相似集的结构 2010.1 周作领 瞿成勤 朱智伟 著
115 现代统计研究基础 2010.3 王启华 史宁中 耿 直 主编
116 图的可嵌入性理论(第二版) 2010.3 刘彦佩 著
117 非线性波动方程的现代方法(第二版) 2010.4 苗长兴 著
118 算子代数与非交换 L_p 空间引论 2010.5 许全华 吐尔德别克 陈泽乾 著
119 非线性椭圆型方程 2010.7 王明新 著
120 流形拓扑学 2010.8 马 天 著
121 局部域上的调和分析与分形分析及其应用 2011.4 苏维宜 著
122 Zakharov 方程及其孤立波解 2011.6 郭柏灵 甘在会 张景军 著
123 反应扩散方程引论(第二版) 2011.9 叶其孝 李正元 王明新 吴雅萍 著
124 代数模型论引论 2011.10 史念东 著
125 拓扑动力系统——从拓扑方法到遍历理论方法 2011.12 周作领 尹建东 许绍元 著
126 Littlewood-Paley 理论及其在流体动力学方程中的应用 2012.3 苗长兴 吴家宏 章志飞 著
127 有约束条件的统计推断及其应用 2012.3 王金德 著
128 混沌、Mel′nikov 方法及新发展 2012.6 李继彬 陈凤娟 著
129 现代统计模型 2012.6 薛留根 著
130 金融数学引论 2012.7 严加安 著
131 零过多数据的统计分析及其应用 2013.1 解锋昌 韦博成 林金官 著

132　分形分析引论　2013.6　胡家信　著
133　索伯列夫空间导论　2013.8　陈国旺　编著
134　广义估计方程估计方程　2013.8　周　勇　著
135　统计质量控制图理论与方法　2013.8　王兆军　邹长亮　李忠华　著
136　有限群初步　2014.1　徐明曜　著
137　拓扑群引论(第二版)　2014.3　黎景辉　冯绪宁　著
138　现代非参数统计　2015.1　薛留根　著